在對速度過於迷戀的時代，我們慢慢讀書。

你永遠有更好的選擇

諾姆・華瑟曼
Noam Wasserman

譯——陳依萍

哈佛頂尖商學院教授的8堂人生經營學

Life Is a Startup

What Founders Can Teach Us about Making Choices and Managing Change

目錄 CONTENTS

第二篇　管理各種可能的改變

即使順利進入全新挑戰，無論是成立新創、轉換新職務或迎接新生命到來，都有許多隨之而來的陷阱需要閃避——包括趨同性（我們只待在與自己相似或親近的人身邊，卻不見得有利自己的發展），或平均迷思（夫妻間的家務分工，或是新創公司的股權分配等），這些都可能扼殺了改變帶來的價值。

前言

成為你人生的創辦人

過去二十年來，我成為學界內外眾人所稱的「搞創辦的人」。我專心致力於研究開辦新創公司的人，無論是開設的課程、研究的案例、從兩萬名創業者身上蒐集的資料、對數百名創業者進行的訪談，以及撰寫關於創業者困境的書籍，目標都在教導如何成功創業和打造創業團隊。

二〇一〇年某個和煦的春日，我的關注焦點突然擴大了。當時我在哈佛商學院的教職員辦公室裡，創業課程班上的一個學生來找我，他情緒高昂地對我說，大概這輩子都不打算創業了，我很驚訝地笑著回答道：「大衛，真是抱歉，你上錯課了！」他說：「不會，你的創業課徹底改變我的婚姻！」

我愣了一下，大衛開始解釋，他和妻子原本對於未來的路遇到溝通與決策上的困難。他即將畢業，在考量如何從兩個工作中擇一時，開始衍生出「誰決定我們住哪裡」和「你的工作怎麼可以比我的工作優先」的爭執。許多像大衛這樣的人，覺得伴侶關係中務必顧及平等，也就是雙方要肩負同樣的工作，並且平均分攤家庭的責任。不過，如同他在我的課程上學到的，辦事講求效率的創辦人不會受到平均分擔的束縛，而是會讓每位參與合作的人各自負責不同的領域。大衛也學到把事務對半均分只會讓人心生不滿，尤其是雙方都覺得重要決策要讓兩人同樣滿意時。現在經過釐清職責後，他和妻子的溝通變得更順暢了。

接著，他談論自己從另一位成功創辦人身上學到的經驗。大衛效法創辦人強調的要點，與合作夥伴面對艱難議題，直接溝通。他和妻子一同面對敏感話題，迫使自己思考可預見的挑戰。大衛領悟到，創辦人並非如同外界認為的時常冒險，而是會辨識出風險並加以管理，於是他和妻子也採取這種做法，便更能管理好兩人之間有如創投般的共同生活。

大衛的話宛如當頭棒喝，以前學生從未把學到的經驗運用在創業之外；與我合作的創業研究學者、從事個人變革管理的同事，也不曾把兩方面加以連結。大衛說得沒錯，無論我們是否創業，都可以從成功創業者身上習得逆向思考模式和行為，成為人生中寶貴的啟示。

我注意到自己也把創業者的做法運用到生活中，當然，並不是一開始就如此。我是電腦工程師，對新創企業不甚了解，直到後來建立系統整合做法，接著與創辦人共同進行創投事業後，才開始經歷、觀察並分析創業者的最佳和最糟做法。我用這些觀察與分析的結果發展學術職涯，包含先前在哈佛商學院任教，以及現在於南加州大學（University of Southern California）教書，並且近期在這裡建立名為「創辦人中心」（Founder Central）的新學術中心。我在追求學術志趣的過程中，學習創業成敗的因素、開設教導如何避免錯誤做法的課程，同時也發現能用許多方式把創辦人的策略運用到自己的職涯決策、二十八年的婚姻，以及對家裡六個女兒與兩個兒子的教養方式上。

身為教育者的一項好處，就是能在教學現場進行實驗。我開始要求學生更注意創業者個案研究中的深層啟示，並研擬一些實驗性練習，培訓學生成為更好的創業者。在期末書面報告裡，我要求學生把一項最佳創業做法「教導」給另一個人，讓對方把這個做法實行到職涯選擇、個人關係、管理方面的挑戰，或是其他「非創業相關」的生活事項中。我和各屆學生仔細討論他們在其他領域遇到的挑戰，於是許多人反應創業者的範例發揮了效用，做決策時不受視野局限所蒙蔽，或是不會為了要親近與自己類似的人、均分工作，而放棄轉職的大好機會。

我研究對象分享的例子彰顯出這個世代的各種挑戰，現在角色和期待有越來越多的變化。不管我們是自由工作者或在大型組織裡做事，無論我們的家庭生活中涉及婚姻、子女等要務，對於未來路途都需要新的指引。

換言之，人生即創業，我們都是自己人生的創辦人。

為邁向人生轉捩點做好準備

本書是為了那些名下還沒有事業，但是希望能預備好邁向人生轉捩點的人所寫，提供給想要在個人或職場上有所轉變，或是在新作為上能奠定堅實基礎的人。本書可能特別適合在職涯或長期關係中剛起步的人，但同時也給予正在構思新發展方向的人重要建議，無論是要轉換工作、搬遷到新的地點，或是參加創意活動。本書探索的是許多人幾乎在人生任何時期都可能浮現的挑戰，像是有些人處於中途階段，想要兼顧工作與家庭職責，還想努力追求自己最珍視的夢想。另外，如果你是創辦人，本書能協助汲取自己切身學習卻沒有發覺的經驗，因而獲取更好的實行效果。

我採用許多不同的資料來源，為人生重要決策提供各種見解，直接吸取許多人在不同人生與職涯階段的經驗，包含希望在職位上追求更大意義的年輕人；努力在工作和生活間取得平衡的夫婦，以及想離開從業多年的一成不變環境，另謀出路的經理。我利用近兩萬名創業者的經驗構築豐富資料庫，並蒐集共同合作創業者的第一手見解，像是潘朵拉電台（Pandora Radio）創辦人提姆・韋斯特格倫（Tim Westergren）、經營部落格與推特（Twitter）專頁的伊凡・威廉斯

（Evan Williams），還有醫療實驗室ProLab的希拉蕊・瑪洛（Hillary Mallow）。我也整理自己的創業研究經驗，包含針對人生各個面向可能面臨的兩難困境；和各屆學生或其他人士討論的內容；還有與曾任、現任及未來想成為創業者的人進行的訪談。

因此，我能夠深入分析創業心態，探索成功創業家面對的挑戰、讓他們與眾不同的逆向思考方法，以及如何把他們的行動與我們的人生決策加以連結。我不認為所有創業者都適合當作典範，也不認為每個人都能提供有價值的範例，而是從過去二十年來觀察的對象中，在最聰明的做法裡挑選出寶貴經驗，蒐集頂尖創業者最有效的做法。

身為一名教授，我也從一系列行為科學課程中，呈現出班上最卓越的研究，包含心理學、經濟學、社會學、家庭及性別研究，還有古代智者具創業創見的巨著，如《塔木德》（Talmud）、經典作品《先賢集》（*Ethics of the Fathers*），讓你習得這些嚴謹又經過實測的道理。這些創辦人在新事業中學習到什麼？要怎麼知所進退？他們在職責分工、如何面對失敗，以及籌劃成功上又有哪些祕訣？我探索他們的最佳做法如何幫助每個人做出更好的決策、解決問題、管理關係，並且在公與私方面都更為精進。

預想改變，讓夢想成真

本書分為兩篇，整體涵蓋我在「創業者的難題」（Founder's Dilemmas）課程中的重要啟示，並能應用到非創業相關的生活裡。第一篇談論的是**預想即將到來的改變**，因為在事情發生前，必定有蛛絲馬跡可循，也就是與解決問題相比，辨識出潛在問題可能同樣或甚至更重要！接著第二篇談論**管理各種可能的改變**，如何實行自己預想的計畫。兩篇都包含相互對應的章節，分別描述問題，並提出解決方式。前一章講的是在生活中遇到的問題，將個人生活挑戰對應到創業挑戰；而下一章則是討論如何解決這些問題。我會探討創辦人如何處理這些困難，以及我們要如何實踐這些方法。

談論預想改變的第一篇中涵蓋兩章，分別討論哪些因素讓我們不能做出自己希望的改變，以及又是什麼讓我們改變得太過草率。有些人因為自己造成的**限制**而越來越**綁手綁腳**，也有些人對新的改變太過興奮，因此受到**熱情蒙蔽**而莽撞行事。我們觀察創辦人如何克服面對改變的恐懼，同時克制心中最濃烈的熱情，以及如何應用他們的最佳做法。

接下來兩章談的是失敗和成功各自帶來的挑戰，通常我們會**擔心失敗**而無法做出改變，失敗實際發生時也令人痛苦萬分。可是從另一方面來看，我們可能忽略**成功可能帶來的困境**，也就是達成夢想的同時可能產生的一些問題。這些挑戰適用各種事項，像是升遷、考量遷居或籌劃劇烈的職涯轉變。我觀察創辦人如何為妥善承受失敗做好預備，並因應成功帶來的困境。

談論管理改變的第二篇中，討論如何進行決策與解決困難，也就是在設想渴求改變，並進入「實行」階段**後**遇到的挑戰。我們從創業者身上學習到，要如何抗拒想要跟隨新發展做出事後補正的習慣，把握要點，盡早洞燭機先。

首先，看看太過仰賴預設好**藍圖**的風險。藍圖是指慣於用來做出決策的個人心理傾向。我會討論創辦人如何因應現有藍圖與即將面臨挑戰之間的落差，還有如何減緩這些落差，以免受到蒙蔽。舉例來說，依照藍圖的話，人們很容易物以類聚，也就是會有所謂的**趨同性**（homophily）。我們通常都會與自己相似的人合作，但是這可能帶來危害。最佳的創辦人知道這會造成哪些問題，包含可能因為能力之間的重疊而引發衝突，還有在團隊中產生裂縫。與其仰賴過於相似的合作對象，這些創辦人會盡可能找出自己的弱點，即使感到不自在，還是會招募擁有和自己不同能力與觀點的人。

接下來談論影響力強大，但本身有問題的兩種強烈意念，也就是我們在努力的事項上會牽涉親朋好友，並且希望能夠平等而造成的束縛。我會說明**讓親近的人參與其中**只是作繭自縛的原因，以及最佳創業者如何找出在哪些方面最有可能會導致這種困境，並做好防護措施來解套。

同時也會討論想要**平均分工的意念**可能造成的問題，包含想在團隊中盡可能公平，或是在個人看重的人際關係裡尋求平等。雖然有效率的創辦人會適度尊重共識，但是也知道太過仰賴建立統一的看法會阻礙進步。除了職責分工、在特定領域上給予個人完整授權外，他們也會極力避免在分割所有權時非得均分不可。事實上，無論是共同創辦人或伴侶，很少人會真正平均分配工作，也會談論不正視這件事所造成的危害。

最後在結語裡，我探索多數人時常遇到的取捨關係：不管是在工作、專案或私人關係中，我們在努力維持控制權時放棄了什麼？而我們釋出控制權時又能得到什麼？什麼時候該放棄控制權來得到這些好處？為了解答這些問題，我針對創辦人在面對取捨時，提出財富與權位之爭的觀察研究：如果創辦人想要透過新創公司致富，就不能成為獨裁的君王；如果想要一手總攬權力，就休想期望公司能在金錢方面或全球影響力上稱霸。

談論這些議題的同時，我也研究許多頻繁出現的主題：創辦人要如何利用理性思考，控管與調整自己的情緒，以達到理性和感性的平衡？他們要如何面對艱困的溝通議題，與親近的人對話，或是避免和誰產生這種對話？還有他們要怎麼避免短視近利？創業者經常需要每天不斷浴火奮鬥，因此成功企業家在奮鬥的同時又能展望未來，是特別了不起的事。

無論你現在面臨重要決策、要立刻採取行動，或是在親密關係中遇到困難，這些啟示都能用來處理風險、應對成長、進行決策及解決問題，並且幫助你做出判斷良好的決策，決定是否要主動行動與如何行動。我希望這些從最有效創辦人身上汲取的經驗，能讓你順利克服自己面臨的創投挑戰，並且帶來值得慶賀的成果。

第一篇

預想即將到來的改變

對目前的工作不滿，卻對跳槽裹足不前？在人生的每一處岔路，我們往往做出當下看似最合理的選擇，卻反過來成為銬住自我的枷鎖，加重我們每一次改變的成本——例如現有的高薪讓你不敢追尋更好的發展。面對即將到來的改變，我們需要釐清自身的限制與困境，並想像在成敗來臨的當下，可以從中獲得什麼樣的價值。

第一章 你為自己的未來，銬上了什麼枷鎖？

對於未來可能達成什麼成就、成為什麼樣的人抱持願景，能成為啟發我們的動力。然而，實際行動表現會因人而異。

多數人認為一舉投入未知事物是不切實際的，因而最終放棄追求寶貴想法的希望。這些想法變成曾經懷抱的幻想，讓我們在過著「現實」人生的同時，有時會回想，甚至是忍不住懷念這些想法。在另一個極端裡，有些人對目標陷入太深，以至於憑藉衝動行事而脫離現實，不顧一切地奮力向前。

我們應該培育夢想，因為放棄夢想容易帶來空虛感和深切的悔恨，但是莽撞前進可能會讓人撞得滿頭包。在接下來幾章裡，我會談這兩種嚴重極端與兩者之間的灰色地帶。雖然這兩種情形可以說是截然相反，而且是不同類型的人會遇到的情況，但其實都來自同樣的根源：我們有時未經思考，便跟隨著看似自然而未經審視的做法，並未努力理解並抗拒這些念頭。

創辦人可以成為克服這些問題的典範，他們會觀測機會情勢的不同面向，尤其是時間面向。在考量創業之際，優秀的人會做好預備，決定是否投入，先觀察可見的未來中會有哪些阻礙，並著眼於可能獲得的回報。過去幾年來，我輔導過不少這樣的人，但是也有些年輕人和公司高階主管深受人生改變的困擾。我以卡洛琳和阿吉爾為例，卡洛琳遭遇不敢踏入新生活的困境，而阿吉爾則是太過躁進，兩人的事例讓我們能檢視應對風險時遇到的兩大問題：第一，在金錢和心理方面都越來越受束縛；第二，盲目追隨自己的熱忱。

審慎考量生活中的重大改變

卡洛琳年近三十，小心翼翼地規劃事業，以求面面俱到，能擁有亮眼的履歷、理想的生活型態，並在工作上獲得滿足感，也就是大家都希望能獲得的。

在即將修完商學院學位的最後幾個月，卡洛琳對於要選擇什麼工作而陷入掙扎。她一直希望能從事社會企業的工作，最好能幫助特殊需求人士，因為姊姊有自閉症的困擾。但是，根據她探聽到的消息，如果想要追隨自己的夢想，就必須花費好幾年才能償還就讀企管碩士時累積的債務和購屋。因此，她決定投入金融業，這樣不僅能在心智方面帶來挑戰，也有清楚的職涯方向，並且在收入上有所保障，可以付清學貸，還有補償先前為了攻讀碩士而付出的兩年收入。

卡洛琳的幾位朋友也提到，這其實不是非得二選一的情況，她可以先累積工作經驗、準備好應急費用，再投入社會企業相關活動，總有一天可以真的得到想要的一切。

卡洛琳拿出簽約金，和丈夫在波士頓近郊買下一棟維多利亞風格的房屋，這裡鄰近校區，是很好的地段，於是開始面臨高額的房貸。然而，父母告訴她，本來就應該在可負擔範圍內盡可能購買最好的房子，而參加幾位朋友的喬遷聚會，看見朋友做出同樣的選擇後就覺得更自在了。接著依照預定規劃，她和丈夫有了第一個孩子——伊娃，並且聘請全職保姆，讓她得以重回職場，結果育兒費用卻高得驚人，但是如同朋友所說的，只要找到一個行得通的做法，就算花再多錢維持也心甘情願。

卡洛琳薪資中有一大部分是遞延報酬（deferred compensation），也就是說待得越久，越能慢慢回收。畢竟當公司越來越重視她時，就會想盡辦法讓她留任，或是至少讓她在想離職時會多加考慮[1]。她工作得越久，領到的支票越多，只不過因為生活開銷大，手邊能花用的收入實際上縮水了。

過了幾年後的現在，卡洛琳對公司抱持的夢想不再，因為工時很長，而且公司謹守層級上的分際，她知道自己要等很久才能獲得更高的職位。平時，卡洛琳很少有機會見到女兒，即便經濟再寬裕，卻不能感受穩定生活帶來的安心或成就感。

重重枷鎖造成難以前進的阻礙

卡洛琳很想換工作，卻又擔心自己在同一個產業待久了，無法順利轉換跑道，像是到變化更快速的產業，或是接任更高職位的工作。卡洛琳對我說：「我專注的心力變成一道枷鎖，讓我不能涉足新的領域。」她在母校發行的期刊上讀到一篇文章，更加深她的憂慮。文章上提及的研究表示，與背景較多元的學生相比，許多企管碩士在特定產業長期鑽研，因此取得職缺的機會較少，而且報酬也會少了很多[2]。（在另一個截然不同的產業裡也有同樣結果，就是職業體育界，像是負責三分球射籃的職籃選手，就算在其他方面對球隊有貢獻，薪水還是比全能球員來得低，獲得的人氣也較低[3]。）

某天下午，卡洛琳遇見一位老同學，對方在商學院畢業後就投身非營利組織工作，在新英格蘭冬季渡假村為殘疾學童創辦滑雪學校。聽著這位同學描述對組織的熱忱，卡洛琳不禁感到後悔、哀傷，但也同時受到激勵。改良版滑雪的構想讓她想到自己和姊姊以前很會騎馬，而且姊姊在接觸馬匹時顯得容光煥發，她是不是也可以教導自閉症孩童騎馬，或從事類似的工作？

隨著這個想法在心中成形，卡洛琳想到詳細狀況便感到畏懼。因為她對自閉症的了解只有和親人接觸的經驗，在這方面還有許多要學習的地方。那樣一來，她獲得的薪資勢必會減少，還可能要搬家，必須冒險、有所犧牲。卡洛琳的心裡明白，在一路生活到現在的狀況下，她和丈夫都不想要放棄原本舒適的房子，離開這個社區，而且要維持當前的日常開銷，也不得不仰賴她現有的優渥收入。卡洛琳平常的花費〔以創業術語來說，稱為「資金消耗率」（burn rate）〕，似乎成為她追求自由時難以擺脫的阻礙。

卡洛琳忽然發現到自己如同戴上**手銬**般被套牢了，加重改變的成本，讓人很難朝著自己嚮往的方向轉換跑道。如同在本章與下一章中將會看到的，這些枷鎖有著各種形式，而且往往都是自己造成的。很久以前，卡洛琳做出當下看似合理的決策，甚至達成重大的期望，像是擁有自己的房子，但是後來這些選擇卻箝制住她的決策，比如要支付高額房貸和重金聘請保姆。她也發現這些小決策只能紓解一時之需，而且每走一步就離夢想越遠。

金錢、社會和情感形成的種種束縛

換句話說，卡洛琳遇到的是全天下人都可能會遇到的事：我們在每一步做出當下合理的決策，但卻因此加重改變的成本，讓我們更難逃離現狀。

因為有房貸，加上家人住慣大房子，卡洛琳的決策讓她受困在黃金打造的宮殿裡。工作上，她的遞延報酬、高額薪水及昂貴開銷，硬是讓她戴上了金手銬。

卡洛琳的故事並不是特例，在另一個截然不同的領域中，退役皇家澳洲空軍准將暨研究學者羅林森（M. J. Rawlinson）研究包含近四十歲與四十出頭的澳洲空軍技師，這些人再過幾年就服役滿二十年，可以請領退休金[4]。其中有許多人對工作感到極度不滿，可是身上的金手銬卻讓他們不敢提早退役[5]。

這些故事不只發生在收入過低而需要退休金的技師身上，財富金字塔頂端的人也會受到以金錢為誘因的金手銬束縛。紐約大學（New York University）金融教授蘭加拉詹・孫達拉姆（Rangarajan Sundaram）和大衛・耶馬可（David Yermack）研究，觀察一九九六年到二〇〇二年，《財星》（*Fortune*）五百大企業中的兩百三十七名執行長，他們動輒身價百萬美元，但是通常不會在可取得完整退休金前退休[6]。這些富有的執行長大概沒想過自己會因為董事會安排的退休金給付時程，而影響自己希望的任期！原則上來說，他們都是百萬富翁，大可隨心所欲，但是手銬卻讓他們動彈不得。

你可能會覺得這種結果只存在金融、軍隊這種重視形式或結構分明的組織，但是其實在創業領域裡也有同樣的情形，即使創業領域步調快且變化多。Y Combinator（YC）是一家創業育成機構。作家藍道．史卓思（Randall Stross）取得YC經營團隊的內部營運和思考流程，他掌握這家機構評估的創辦人觀點：「如果說創辦公司有最恰當的年紀，就是比大學生再稍微年長一些，但是還沒有受到房貸、小孩影響的時候，因為那會讓人難以離開行之有年而順利獲利的公司，放棄薪資不錯的傳統工作[7]。」

然而，這些手銬不只存在於金錢方面，也包含社會和情感方面。西北大學（Northwestern University）社會學者霍華．貝克（Howard Becker）的研究顯示，一項工作的次級層面可能會出其不意地產生限制行為[8]。舉例來說，有人可能一開始取得工作是為了高薪，但是後來因為工作的次級層面，而不願意換到薪資更高的職位，這是起初在獲得這個職位時並未預料到的因素，像是和新同事建立友誼，或享受通勤便利的優點。我們在進行決策時，很少會想到這些面向，但是這些面向產生的枷鎖可能會讓我們不願意離職。

卡洛琳身上的枷鎖緩慢且悄悄地變得沉重，從離開先前的職場到就讀商學院，結婚後取得現在的職位，成為母親並累積資產，其中的每一步都讓她困在社會和情感上的當前狀況，這些非財務相關的手銬常常包含讓人不願放手的正向關係，像是情義、高支持度的人際網絡、可能的升遷機會及地位等。

魚與熊掌難以兼得的兩難抉擇

投資銀行家迪利普．拉奧（Dilip Rao）曾是在我「創業者的難題」課程班上的企管碩士生，他也是公司高階主管。在考量自己的發展方向時，他的經驗就顯示這些心理上的枷鎖。拉奧原本打算就讀醫科，但是家庭的經濟狀況卻讓他無法如願，結果在金融機構瑞士信貸（Credit Suisse）找到工作。他對我說：

我決定從事金融業。我讀過一些優秀執行長相關的勵志故事，像是西德尼．溫伯格（Sidney Weinberg），他在進入華爾街前，不曾接受正規的教育背景，出生於清寒家庭，而且他的背景與傳統上能進入常春藤名校而躋身華爾街的人很不一樣。要進入華爾街憑藉的是堅苦卓絕的精神，既然溫伯格先生能從助理清潔工一路爬升到高盛（Goldman Sachs）任期最長的執行長……而其他出身卑微，但是在華爾街闖出一片天的人也面對絕望、艱辛、難熬的困境，我又有什麼藉口呢？當時是二〇〇七年八月，有一家四口外加一條狗還要依靠我。

拉奧在瑞士信貸的前三年，穩定了家裡的經濟狀況。此時有許多同事正打算邁入人生的下一階段，拉奧也對創業感到心動，卻對公司抱持很高的忠誠度：

他們願意讓我試試，給我機會證明自己的實力。更重要的是，這份工作讓我在最有需要時能照顧好家庭。我覺得必須對同事和雇主保持忠誠，他們將我編制到團隊裡，教導我一切需要知道的事。在我的生命中，第一次有和我毫無血緣關係的人重視我的個人利益，並且在我的身上投資。我唯一能回報這份恩情的方式，就是繼續為他們工作打拚。

拉奧最後在瑞士信貸銀行工作八年，遠遠超出預期的時間。除了忠誠以外，他在這裡也覺得自在：

你在一個地方花費心力，並且百分之百投入而闖出名堂。你擁有可以動用的人脈，最重要的是，還打出了名號，當這個個人品牌連結到工作倫理和信任度時，重要性便會逐年增加。更重要的是，有了這個品牌後，在公司投入時間就能產生影響力，這對社會資本和信譽來說都非常重要。大概每隔兩年，我就有機會離開這家公司，尋覓其他的職位，但是在這裡建立友好關係後，我捨不得一走了之。

另外，還有每年潛在的晉升機會讓人想要留任。如同拉奧觀察的：「我一直覺得，每年都可以再晉升一階。我的主管說：『你現在的前景看好，為公司創造許多收益，是這裡的領導者，很快就能掌握方向來經營事業了。』我相信他說的話，因此放棄規劃下一步。」

困守舒適圈導致舉步維艱

在有名望的產業或公司工作形成的枷鎖可能很頑強，我起初觀察到擁有名譽帶來的枷鎖，是在哈佛商學院的同事身上。對方擁有在哈佛大學（Harvard University）取得三個學位的「三H人」殊榮，因為哈佛的金字招牌和在這裡取得終身職的光環，決定不追求他校一個很吸引人、能帶來極大影響力的職位；相對地，另一位較資淺的同事並沒有這種包袱，因此接下那份工作。這位資淺的同事在新職位上工作一年後，比那位資深同事在哈佛的日子快樂許多。哈佛的學校代表色是緋紅色與金色，響亮名聲所形成的紅手銬時常將人禁錮在這所學校裡，因此就算其他地方出現更好的機會（或「錢」途），可能讓人捨不得離開。

如果你考慮跳槽到其他公司、為了現在的職位做出調動，或是甚至爭取升遷機會，可能已經意識到自己身上的枷鎖。這些束縛人的手銬也存在私領域中，像是和另一半長期在一起產生的安定感，可能會讓人受到同樣的束縛。我有一個學生觀察到這一點，表示：「那些不快樂卻不分手的人，是因為受困於害怕切斷關係的『枷鎖』。他們留在這段不滿意的感情中，是因為有著其他次要的好處，像是能感到安心、有保障又可預測，何必離開那個人來冒更大的風險？」同樣地，如果要搬到新城市居住，就必須重新建立交友圈、了解附近的店家和餐廳，還要重新發展習慣做法，好取代原本自在的舊有慣例。

當然，這些枷鎖確實會讓人避免做出不明智的行動，有時候我們事後想起，會很感謝沒有受到他人慫恿而不計代價追隨熱情（之後很快會再提到），還有心懷感激和情義都是培育自我與人往來時的重要特質和習慣，可是我們身上的枷鎖往往讓人無法追求可能會帶來更高滿足感的好構想。

積極自我開創新格局

這種束縛感非常真實，最實際的事確實莫過於需要支付房貸，或是有一個安定的家，但是我們很容易受制於主觀的感受，特別是在感到迫切時[9]。如果我們退一步來看維持現狀的迫切需求，就可以看清楚身上的枷鎖不過是一連串的決策，拆開來看，每一項都是當下合理的選擇，這代表的是隨著事件反應的你，也就是努力滿足賺錢、教養孩子等各種需求的因應做法，總有一天會把人一次次擊倒，但是你還有另一個面向，就是積極主動的自我，能夠看見當務之急以外的未來。

許多人都仰賴著反應的自我，以至於忽略積極的自我，慢慢就會發現這些枷鎖阻礙立即行動，也限制了整個格局。

卡洛琳在職場上追求完美，就好比一直等待完美構想出現的潛在創業者，他們受到的這種束縛也可能成為戀愛方面的阻礙。舉例來說，約會建議專欄作家艾文・馬克・凱茲（Evan Marc Katz）表示，他曾幫助一位二度離婚的六十多歲婦女再次開始約會。不久後，對方有了好幾位優質人選，卻還是不斷猶豫，心想：「他不是很有男子氣概的那一型。」「我們的身高一樣高，可是我又愛穿靴子。」凱茲建議這位在感情上追求最大效益的客戶：給那些差一點就完美的人一次機會[10]。

初次婚姻的相關資料，看來也支持凱茲的做法。任教於猶他大學（University of Utah）的社會學者尼古拉斯・沃芬格（Nicholas Wolfinger），在一份研究中探討最佳適婚年紀，結果發現首次結婚而離婚的風險，從未滿二十歲到二十五歲左右穩定下降，到了三十歲時再度攀升，三十二歲後，平均每年離婚率增加五％[11]。沃芬格注意到離婚率攀升是近期的現象，他強調即使調整相關變數，像是性別、種族、成長家庭的結構、是否居住在大城市，結果還是不變。沃芬格相信這是擇偶效應造成的，因此最有機會獲得美滿婚姻的人通常在二十幾歲結婚，讓其他年齡層剩下較少的理想對象。

在這裡停頓一下，思考卡洛琳和我們也可能面臨的狀況。卡洛琳追求自由的本錢在於高收入，但是這反而成為枷鎖。如同下一章將看到的，有些具體方法能用來因應這些限制。然而，盡早積極辨識出潛在限制的源頭，能讓我們更有機會做出更好的選擇，及時避免或減少這些束縛。

停一停，想一想

為了鋪陳下一章的場景，說明創辦人因應這些問題的解決方案，並且探索用以處理生活中類似挑戰的相關議題，請你問問自己：

- 如果你是卡洛琳，受到條件箝制卻想要做出改變來達成願望，此刻你傾向的做法是什麼？
- 在你的人生中，是否因為受到私人情感或職場限制，而無法追求心中渴望的重要決策？

要是你提早一、兩年（或五年）意識到這些限制，會不會積極減少或消除這些限制？

- 未來一到兩年後，你可能會遇到哪些類似的困境？思考這些限制會如何持續影響決策，現在可以做哪些事，讓你希望的情境更有機會成真？

熱情不受拘束所造成的危險

在詢問自己這些問題的同時，我們希望能確認當下的傾向，並改用更容易取得未來成果的方式來避免風險，但是心中可能也要抗拒另一個強烈念頭：想要一頭栽進自己擁抱的熱情，而不去了解必須承擔的後果。有些人在草率創業時，往往未能規劃好必要的預備工作[12]。有時是因為他們以為情況太迫切了，擔心太晚投入市場，或是擔憂會在競爭中遭到淘汰，這種心態常常會讓創業者遇到麻煩。Friendster 是第一個大型社群媒體網站，分別比 Myspace 與臉書（Facebook）各早一年和兩年進入市場。然而，Friendster 在努力吸引使用者的同時，太高估自己的應對能力[13]，結果造成網站發展遲緩，讓使用者更想嘗試其他同業新推出的服務。如果我們未經審慎思考，就一頭栽入人生中的重大投入事項，很可能會讓熱情拖垮自己。

接著登場的是阿吉爾，他剛從工學院畢業，性情和興趣與卡洛琳天差地遠。阿吉爾的清潔技術新創公司甫進入創投競賽最後一輪競爭（可獲得兩萬五千美元獎金），這時候他接到一則語音留言，是幾個月前提供他優質職缺的科技公司人資部門主管留下的。

這位主管說：「阿吉爾，我們公司決定擴大部門，這個職缺不能為你保留太久，我們知道你加入後，能加強我們的戰力，也很欣賞你對工作的熱情，但是需要獲得確切的答覆，如果這一、兩週還沒有消息，我們就要尋覓下一個人選了。」

這家公司正在開發新的清潔服務，也是阿吉爾長期以來希望投入的產業，他很確定只要接下這份工作，就能和未婚妻盧帕搬回印度居住，也能參與孟買辦公室的籌備工作，是極具挑戰性的創業任務。全家人都敦促阿吉爾接下這份工作，盧帕也贊同，她覺得這是帶來經濟保障的最佳辦法，期望能在印度建立家庭，不希望等太久。

但是，還有阿吉爾的新創公司要考量。這是職涯中最讓他興致高昂的事，也就是所謂的 colpo di fulmine，這個義大利片語是指如同閃電般擊中你的胸口，讓人生從此變得與眾不同的熱情。此時阿吉爾對新創公司難以自拔，尤其現在正值爭取新創投競賽，他心想：「我最期待的事情莫過於此了！現在正是實現夢想的時刻，就像在身上注入強心劑般興奮！」無論要承受多少風險，阿吉爾都想讓事業起飛，這一點也是可以理解的，正如同他這個年紀的人一樣，常常聽聞有人提出要追隨自己熱情的建議。他說：「可是我還要考慮盧帕，要有她的支持才能繼續堅持，我要想辦法說服她。她在意穩定的金錢來源，特別是因為我們正要償還先前就讀碩士的學貸，還要考慮對共組家庭的影響。」於是他舉出創業的一切優點，說服盧帕，新創公司在一年內能募集到外部資金，取得盧帕期望的穩定經濟來源，接著婉拒新工作邀約。

阿吉爾這麼做的同時，落入讓許多創業者栽跟斗的陷阱裡：被熱情蒙蔽眼前的現實。由普度大學（Purdue University）阿諾德・庫柏（Arnold C. Cooper）教授率領進行的研究中發現，三千名小型企業老闆平均為自己公司的成功率評為八一％，但評比其他公司的成功率卻只有五九％[14]。我們可能會在未知領域中高估自己的實力，因此高估自己公司的前景。

這是一般人都會有的狀況，並不僅限於創業。受這種偏見影響的人數比例普遍高於預期。神經科學家塔莉・沙羅特（Tali Sharot）提出，八成的人有**樂觀偏見**（optimism bias），因此低估負面事件的發生率，並高估正面事件的發生率[15]。舉例來說，我們低估離婚的可能性，而高估子女天賦異稟的機率；我們低估發生車禍的可能性，而高估在就業市場上的成功機會。態度樂觀的人較可能抽菸、儲蓄比率較低，較不會接受健檢和購買保險，無論性別、種族、國籍都存在這種偏見。因為強烈的偏見，就算具專業知識的人也不免會有這個問題，正如研究顯示：「離婚律師低估離婚造成的負面影響、金融分析師預期的利潤過高而難以實現，以及醫師對自己的治療效果太有把握[16]。」

阿吉爾因為熱情而遮蔽雙眼，錯估獲得外部資金的機會。一天過了一天，他總覺得企業就要有起色，卻還是沒有吸引到資金。一年就這樣過去了，盧帕不希望讓他更氣餒，因此避而不談這件事，但是心中的不滿卻漸漸累積，她向一位信賴的好友透露：「阿吉爾說的話都沒有做到，我們已經積欠許多債務了，他怎麼就是搞不清楚狀況呢？」

阿吉爾原本採用的策略是「說服她來支持我」，向盧帕**全力推銷**新創公司的想法，這讓他無法有效處理重要的艱難溝通過程。原本要打造堅實的後盾來度過風暴，但是他太有把握的說服做法反而形成極度脆弱的根基。有別於卡洛琳，阿吉爾並沒有因為生活型態所需，必須在企業日以繼夜地打拚，但是他的熱情反而幫了倒忙。他和盧帕的感情受到影響，而且他們的願望也因此延遲了，包含舉行盛大的婚禮、搬到印度居住，並且展開新家庭生活。阿吉爾犯的錯誤也是許多新創公司受到打擊的原因，尤其是其他需要相關人士給予精神支持的地方。

先出擊後謀略帶來的不理想後果

一般人可能會搖頭，笑阿吉爾傻，但是他的狀況其實很常見。有時我們的執念很強烈，就算身旁重要的人反對，卻還是一意孤行。我們來談談美國職籃（National Basketball Association, NBA）的球員盧克·華頓（Luke Walton），他在聯賽中擔任替補球員近十年，向來以努力著稱。在二〇一三年，他轉職為教練，很快就從孟斐斯大學（University of Memphis）的助理教練，晉升到在美國職籃發展聯盟（NBA Development League）隊伍中擔任球員發展教練。不久後，他在籃壇取得頂尖職位，受僱為金州勇士隊（Golden State Warriors，當時即將取得二〇一五年聯賽冠軍）的助理教練。

下一個賽季開始前，金州勇士隊總教練史蒂夫·科爾（Steve Kerr）因為嚴重背痛困擾，由華頓暫代總教練一職。在他的領導下，金州勇士隊開季勢如破竹，聲勢更甚以往。金州勇士隊在十一月時擊敗洛杉磯湖人隊（Los Angeles Lakers），取得第十六勝，打破開季連勝的紀錄，接著連贏二十四場後才初嘗敗績。當科爾回到總教練職位時，金州勇士隊的成績是三十九勝四敗。

於是，其他隊伍紛紛傳出聘請華頓擔任總教練的小道消息，尤其是聯盟裡後段班，最可能要更換教練的隊伍，也出現考慮請他當教練來挽救頹勢的傳聞。二〇一六年四月，洛杉磯湖人隊眼看就要在西區聯盟（Western Conference）墊底，落後金州勇士隊五十六場，此時他們要挖角華頓的消息更是傳得沸沸揚揚。

華頓的父親比爾·華頓（Bill Walton）也是美國職籃閃耀多年的明星，在擔任球員期間，所在隊伍曾取得兩次總冠軍。四月底時，有人問他對兒子的去留意見，他表示：「堅守原本的位置！總教練位置之所以會有空缺，不是沒有原因的。他現在擁有的已經再好不過了，重金也買不到金州勇士隊現有的光彩。我曾待過籃壇史上特殊的球隊：加州大學洛杉磯分校棕熊隊（UCLA Bruins）、波特蘭拓荒者隊（Portland Trail Blazers）、波士頓塞爾提克隊（Boston Celtics），也見過另一端的狀況，所以很清楚那麼做太過輕率又冒險[17]。」

不過，四月二十九日，洛杉磯湖人隊宣布聘請華頓擔任總教練。在他擔任總教練的第一年，隊伍輸了六八％的比賽，在美國職籃三十幾隊裡排名倒數第三。相較之下，金州勇士隊在三年內二度奪得總冠軍。接下來幾年，大家都睜大眼睛看著華頓懷抱自信，追尋熱忱的結果，不管是創造奇蹟，還是放棄在金州勇士隊的大好前程（不顧父親的公開警告），結果讓他碰了一鼻子灰，就像阿吉爾一樣。

想先出擊後謀略的傾向，影響生活中的諸多層面。面臨結婚等終身大事時，會這麼做的人多到讓人出乎預料。舉例來說，一份調查美國一千名新婚人士的研究，結果發現有四成的人不知道配偶的信用評比，三分之一的人對配偶的消費習慣感到訝異，還有三分之一的人不知道配偶學貸的金額。調查對象中，有些人暗藏金融帳戶，沒有讓另一半知道，其中六一％是男性，三九％是女性[18]。激情是盲目的，讓人只想走捷徑，而忽略自己不想看見的事物。

停一停，想一想

就像阿吉爾一樣，如果你可能陷入毫無拘束的熱情中，好好思考之前你讓慾望主導的情況，想想是否在考量過程中犯錯。

- 過去當你對一項新鮮事物感到著迷時，你原本對於成果、代價的期望是否符合現實？
- 你向另一半或親人解釋計畫或事業時，是否只說了正面效益和潛在成果，或是也說明可能遭遇的困境？
- 如果答案是前者，想想你為什麼會對負面狀況避而不提，是否出於害怕遇到艱難的對話，而不談棘手的事物？
- 事後回想，如果你對身旁的人同時說明正面效果和其中潛藏的問題，會讓他們更支持你，還是降低他們的支持度？為什麼？

縱身投入前該做好通盤考量

無論人生或事業，最極致的創業者會結合傳教士般的熱忱和分析師的清晰思緒。然而，很少人能結合兩者有時會相互牴觸的特質，通常其中一項會讓我們的決策變得偏頗，因而帶來損害。

這種情形可以比擬為要跳進不熟悉的池水中，滿腔熱血的人會衝向跳板，而後躍入池中，不管裡面有沒有水、跳躍位置是不是比平常高出許多，甚至自己是否穿著普通衣物；分析型的人則會測量水溫到小數點後一位、確保跳躍位置不會高於以前試過的，而且不只會穿著泳衣，還會準備好潛水裝備。

太過熱血的人跳水時，可能會因為骨折而後悔決策時太過衝動；過分謹慎的人可能會後悔未能接下挑戰，實現夢想、精通一種泳技。但是，只要能掌握自己的傾向，知道如何因應負面問題，每個人都可以在縱身一躍時有更好的成果。這一點要如何做到？採取創辦人的最佳做法，正視在心態上可能遭遇的挑戰，也就是接下來要探討的主題。

第二章

如何為你的選擇勇往直前？

本章會根據形形色色的創辦人與有創業頭腦的人士，提出他們採用的最佳做法，幫助我們為希望達成的改變做好預備。我在研究並接觸創業者時，將研究設計為基本指導方針，藉此討論他們創業時遇到的挑戰。這些建議也能應用到人生中的其他面向。首先談論的是如何擺脫讓我們無法做出改變的枷鎖，接著提出經驗典範，談談如何利用有效的方式抒發熱情，而不至於太急切行事。

掙脫形形色色的枷鎖

有些枷鎖顯而易見，因此也不難對付，但是有些最重大的枷鎖就不一樣了，例如，醞釀改變時，預期經濟狀況中會出現的挑戰較簡單，而預期心理上面臨的挑戰則較困難。心理枷鎖通常比較難纏，因為較難注意到（或承認它的存在），而且明確的解決辦法較少。不過，面對這兩種類型的枷鎖時，人們往往未能拿出足夠的意志力來對抗，就像第一章提及的拉奧和卡洛琳，到最後就為時已晚。創辦人的最佳做法建議，採用積極的方式盡快自我鬆綁，不要被枷鎖套得越來越緊，才能減少或擺脫束縛。

降低個人的資金消耗率，保有自由選擇的餘地

克莉絲緹娜取得企管碩士學位後，接下紐約一家顧問公司的工作。她在就讀研究所前，曾在一個非營利組織工作，並且收到相應的薪水，因此不難理解她把新職位當作好不容易能提升生活品質的機會。然而，她在我的課程中體認到卡洛琳的遺憾後，努力抗拒這種誘惑，她說：「我在投入顧問這一行時，就知道這只是暫時的職務，並不想要習慣這種生活型態。」經濟上的預備金讓克莉絲緹娜擁有安全感，也可以在想要時離職，挑選一份薪水較低的工作，因此她想盡辦法存錢。例如，雖然居住的曼哈頓房價高，但是她限制自己住在月租一千三百五十美元的小公寓裡。她很努力避免背負更多的債務，同時發揮創意來實行低成本的生活，像是參加宴會，或在約會時讓對方請客。

克莉絲緹娜率先關注的是積極管控學貸。費城聯邦儲備銀行（Federal Reserve Bank of Philadelphia）研究顯示，有前景的創業者會因為債款所累，欠缺緩衝資金來開創企業。在一個郵政區域中，把學貸增加一個標準差，就會導致有一到五位員工的新生企業數量減少四分之一[1]。如果把這一點轉換到日常生活裡，表示債務會成為真正的枷鎖。克莉絲緹娜畢業後，盡可能地償還貸款，她不像一些同學把簽約金花在旅遊或裝潢公寓，而是用來償還學貸。兩年後，她和夥伴共同創辦服飾公司時，行動更為積極。她說：「另一位創辦人告訴我，在創立公司後，就沒有繼續償還學貸。這種想法是可以理解的，如果我們的新創公司成功，額外多一、兩年的利息也沒關係；但要是失敗了，要多付出的資金就表示我們要傾盡全力了。」不過，克莉絲緹娜還是在可以做到的範圍內盡量努力清償學貸，直到公司推動前的四個月，她依舊償還每月最低還貸金額的三到四倍費用。

克莉絲緹娜無論在顧問公司或創辦公司時都很努力，為什麼還要採取這種做法？把開銷一次又一次提高後，一般人很快就會適應了，然後在不知不覺中被銬上金手銬。克莉絲緹娜同時注意開銷、償還學貸，並且積極儲蓄，讓她在讀完碩士後的花費不會比就讀碩士前來得高，因而擁有決定未來的自由。每走一步，她都會詢問自己這一次花錢帶來的舒適感，值得因此付出未來要受到局限的代價嗎？

等到要辭去顧問工作，開始創辦公司的時刻來臨時，克莉絲緹娜說：「我離開月租一千三百五十美元的公寓，搬到曼哈頓上西部的一張長椅上，於是每個月只花四百美元。」克莉絲緹娜每晚都要收疊好長椅，把衣服收進書架、把鞋子藏進廚房櫃子，湮滅她待在起居室的痕跡。她說：「我在擔任顧問期間累積最大航空獎勵里程數，能用來支付我和夥伴在創業第一年的旅遊開銷。」

克莉絲緹娜也意識到創業者在投入新事業時，面臨的最大問題是收入減少。為了避免資金週轉問題，她提早以創辦人的姿態來生活，當她沒有取用宴會或約會的食物時，「每天只在餐費上花五美元，以紐約物價來說，這只能買到一杯咖啡和一份中東炸鷹嘴豆丸子。」

衡量自身能力決定開銷

萊恩．布羅伊爾斯（Ryan Broyles）的薪資遠高於克莉絲緹娜，但是他也為了避免後顧之憂而採取類似的做法。布羅伊爾斯是國家美式足球聯盟（National Football League, NFL）的球員，他拒絕像同儕一樣過著揮霍的生活，把每年生活費控制在六萬美元內，而他實際上的薪資高出十倍[2]。他之所以會這麼做，是因為看過資料，知道美式足球聯盟球員職涯有多麼短暫，而且依照個人經驗，他如果再受傷一次就會失去這份薪水。（最強烈的動機常來自於自己慘跌一跤所學到的第一手教訓，而布羅伊爾斯過去便有受傷的經歷。）而用二手取得的職涯數據來加強動機，就可以免受一些苦。

在薪資優渥、資源豐富的情況下，拿出自制力很不容易。不過，就像布羅伊爾斯和克莉絲緹娜一樣，傑出的創辦人能抗拒要他們購買能負擔最好房屋的社會壓力，會繼續租屋或買下就薪資水準而言較普通的房子，並且設定每月自動轉帳到儲蓄帳戶來維持勤儉。擁有儲蓄並維持低資金消耗率，創辦人較能延續新創公司的營運，並讓自己和家人安心，知道就算創業花費的時間與費用都是預期的雙倍，還是不至於變成窮光蛋。

越早實行這些做法越好，因為如果身上的枷鎖越套越緊，會比一開始就避免套上枷鎖還來得困難。（要是卡洛琳當初先設想每月存款**後**，再來看房子就好了！）就算你還不清楚事業發展的下一步，同樣需要控制開銷、清償債務，這樣才有機會能接下較低薪資的夢想工作，或是重回校園進修。

有些具體的做法，能讓你擺脫各式各樣的財務限制，以免不能追求自己感興趣的事，尤其當那是會讓你轉換到較低薪的工作，或是需要拿出資金投資（或是兩者都要）時。留意生活中有哪些會大幅改變個人資金消耗率的情況，例如，出社會或接任較高的職位。切記一旦習慣奢靡的生活，要回到學生時期的資金消耗率就會比維持現狀還要困難。計算看看有多少額外的錢能進帳，並存入經紀商自動投資帳戶，讓這筆金額（或其中一大部分）能自動轉進投資帳戶裡。盡可能把錢存起來，而不要花掉，可以從雇主在你畢業前支付的簽約金做起。

在參與我工作坊的創辦人中，有三九％的人表示為了要過渡到新創生活，積極減少開銷，因此能多儲蓄應急資金投資新創公司。另外，一一％的人在推動公司前搬入較小的房子或公寓住宅。事實上，說到金融債務，多數人的貸款是用在房屋上，不要硬買你能負擔的最好房子，而要有所節制。如果你知道要付出的不只是金錢，還有未來的自由，就比較不敢欠下高額房貸了。

衡量自身能力來決定開銷有兩個好處：一是你會避免因為高消費生活而被套牢；二是你能存下應急資金，需要時能在時間和金錢上更有餘裕地探索或進行改變（或是至少不用像早年生活那樣節制，能讓你退休時過得更舒適）。你能用較低成本的投資，取得可能很寶貴的選擇自由。

擺脫不容小覷的心理枷鎖

無論金錢力量有多大，心中的枷鎖才是真正不容忽視的。舉例來說，如果你要進行的改變涉及遷居，可能會失去鄰近親友的好處，或是要遠離提供社會支持的宗教或市民機構；如果你要自立門戶，可能會失去原有的地位或管理職位，也會失去知道每天該做什麼能帶來的安心感；在所處的新環境裡，可能不看重你原本的專業知識；或是你可能遇到缺乏產業相關資源的問題，像是和潛在企業夥伴或廠商的聯繫。在家庭方面，則有可能面臨配偶或家人的反對。

創業者每天都會遇到這些問題。例如，安德莉亞是住在丹佛的年輕人，她喜愛滑雪與電腦工程師工作，也很高興工作地點鄰近住家。然而，某天她產生行動廣告方面的創業構想，但是擔心要辭去工作才能專心投入。她也希望能搬到新創重鎮的矽谷，以取得融資和人才。可是一想到要經歷這麼大的轉變，不免陷入猶豫。她對我的研究助理說道：「搬家會讓我遠離原本在身邊的家人，過去十年間，我在就讀科羅拉多大學（University of Colorado）和在丹佛工作時，建立許多人際關係。就算知道新構想很棒，不過要到另一個地方重新開始，就像是要放棄這個階段的生活！」

我們在衡量新的投入機會時，常常只看見改變帶來的壞處，好比低薪、低名氣、低位階等，我們應該多關注可獲得的效益，而不是糾結於會失去的事物。另外，也要退一步思考，自認為失去的事物可能只是個人的想法，要詢問這是否符合現實，像是顧及當前雇主帶給你的名聲，是不是讓你無法轉換到位階較低但能有更大影響力的職位？

我也曾受到這一點束縛，當初有機會離開哈佛商學院，到另一所學校擔任影響力更大的職位。我在哈佛待了近二十年，了解許多同事身上的紅手銬，讓他們難以抽身。回想自己班上課程和研究引發的啟示，以及籌劃撰寫本書的過程，讓我看清楚這些枷鎖，並考慮轉職。就算如此，我當時也必須逐步改變自己的身分認同和心態，仔細考量其他的選擇。

譬如，在正式離開哈佛前，我尋找在其他大學教書的機會，並以客座教授身分到三所學校任教。我提早一年放棄在哈佛的辦公室，也棄而不用原本習慣的電子信箱 noam@hbs.edu，還有就算是改用簽名檔這種小事，也能幫助我掙脫枷鎖，脫離在這所學校的身分。我開始減少提及在哈佛的職務，多強調在他校的客座教授職務。

我也開始較不在意這所商學院的排名，更重視在新學校會有的影響力。比起身為哈佛商學院兩百多位教授的一員，我是一位國家首座新中心的創辦主任，或是一群工程教授中首位商學院出身的學者，負責開設全新創業課程。我學習欣賞更重視創新精神與合作的文化，而不是過去更像穀倉*的封閉地方。

另外，也很重要的是，我在開始向創業群眾演說的過程中，收到一次報酬優渥的邀約。我一直認為對方會邀請自己演說，是因為我和哈佛的關係。雖然心知這可能會讓我失去機會，卻還是認為應該說明清楚，於是告訴對方應該邀請其他還在哈佛的同事演講。結果對方回應：無論你是否繼續在哈佛任教，我們想邀約的是你。這讓我知道自己不再需要哈佛的背書，或是說其實以前根本不用這麼在意這點。無論對內、對外，哈佛很會說服大眾，它就是學術的完美化身，但是仔細觀察就能發現我更適合另覓他處。

脫離要求完美的枷鎖

想要逃離改變的天性，讓人只要覺得計畫不夠完善便會拖延。在無法達到完美時，就會變得毫無作為，希望等待完美時機再出手，因而受到束縛。例如，除非有完整時間待在健身房，否則許多人乾脆就不運動，我在踩健身腳踏車時也常常這樣，堅持非得有完整的四十分鐘不可，因為一來可以避免在波士頓街頭上跑步而受到暴風吹襲；二來則能有四十分鐘用來閱讀。千萬不要只有三十分鐘可用，不然我就會想要略過整個訓練！但是，就算只有三分鐘可以用來進行高強度間接訓練，都對健康有所幫助[3]。雖然運動聊勝於無，但是追求完美的枷鎖可能會讓人到頭來一事無成。

還有一種完美心態也會阻礙我們前行，就是非得完整執行計畫的想法。我有一個學生寫道，他對「失敗最大的恐懼」是無法完成，也就是開始做某件事卻沒有足夠時間可以達成結果，這常常讓他無法展開行動。

不要因為害怕無法完成重大任務，在事前洩自己的氣，就像這位學生因為對「失敗的恐懼」

---

*譯注：穀倉（silo）原指儲藏穀物的倉庫或建築，延伸是指組織裡因為科技或政治因素，只對內而不對外溝通，因此資訊不流通的狀況。

而難以實行任務。我記得在哈佛商學院和詹恩·瑞夫金（Jan Rivkin）談過的話，他是一位十分優秀的老師，也對教學設計很有想法。他剛剛受託為學院規劃核心策略課程，而這門課程過去的發展並不被看好。我和瑞夫金討論有哪些方法可以用來因應這門課的艱困挑戰，他指著寫在白板上的一句引言：「塔馮（Tarfon）拉比*說：你的任務不是完成整個工程，但是也沒有停工的自由。」這句話引用自古書《先賢集》。我希望學生也能把這句話抄下來，隨時提醒自己不要因為害怕無法完成計畫而不敢開始。為了激勵自己能跑完長程，有時最好的方式就是專注在第一圈或第一個坡道，而不是想著遙遠的終點而止步不前。創辦人對這個方法使用的詞彙，就稱為**階段性做法**（staging）。

利用階段性流程獲得力量

約二十年前，對於複雜未知企畫項目的標準工程做法就是不斷規劃、規劃，接著撰寫又撰寫，然後把一疊說明文件交給眾多實行者，坐等他們不斷編碼又編碼，或是不斷地建造再建造（這是我身為工程師的個人經歷）。接著在二十一世紀初，美國工程師借用日本精實製造的概念來發展「精實創業」（lean startup）[4]。現在以短期階段進行，已成為新創公司的標準流程，包含規劃、撰寫、實驗、取得回饋、修改、再實驗、再回饋等。成功的實驗能吸引更多資源和關注，不成功的實驗棄而不用，把資源和關注重新配到其他項目上。這種階段性做法也受到新創投資者運用，他們投資的做法就類似於新創公司排定的產品開發做法[5]。這種構想強而有力，在許多新創投活動中取得成功，因此廣受企業和軍隊組織採用。

這種方法也可以運用到其他私領域的投資活動，與其試圖一次達成最大的目標，倒不如學習分階段實現夢想。在思考要採取什麼小步驟時，可以學習創辦人做實驗的方式來取得回饋，藉此辨別哪些做法能帶來成功或導致失敗。新創公司可能會鎖定一些實驗，藉此得知是否有足夠的顧客群來購買公司擬定開發的產品，以及顧客最重視產品的哪些特性。與直接製造出完整的產品相比，許多新創公司會先製造少量可用的產品，用來好好測試各種不確定因素[6]。

例如，Nike創辦人菲爾．奈特（Phil Knight）並非一開始就製造自創品牌的鞋款，而是先到日本鬼塚虎（Onitsuka Tiger）鞋廠尋求來源，並經銷產品，探索市場上是否有更高品質跑步鞋的需求，然後才考量設計並製造自己的產品。接著，共同創辦夥伴比爾．鮑爾曼（Bill Bowerman）藉由妻子的鬆餅鐵煎盤構想，製造第一雙採用方形釘板的鞋底，而後奈特投資這項設計，開發出華夫訓練鞋（Waffle Trainer），並快速在美國成為暢銷鞋款[7]。

---

*譯注：原文為rabbi，是猶太教對宗教領袖與師長的稱呼。

如果你的夢想是撰寫一本回憶錄，但是要成為出版作家的挑戰性太高，就可以先發表一、兩篇文章講述人生中較小卻有趣的事件。接著，等到有了經驗與自信心後，就可以試著撰寫更長篇的重要事跡。檢視該作品獲得的回響，針對獲得好評的部分加強，並且調整或摒除負面的部分。達成這些小戰果後，你就會在實踐出書夢想的漫漫長路中有了更多進展。

我在波士頓一所新創辦的私立男子中學裡，擔任董事會主席。當時負責教導一年級數學的老師是哈佛出身的律師，名叫麥可，他對數學充滿熱忱，曾擔任中學生的數學家教，一心想要教授數學。他可以直接辭職當數學老師，效法知名創投公司 Kleiner Perkins 合夥人之一的凱文．康普頓（Kevin Compton），康普頓在二〇〇四年掙脫身上的鐐銬，離開公司，成為七年級數學教師，追隨一生的夢想。不過，麥可並沒有這麼做，而是決定一次前進一小步，白天繼續留在法律事務所工作，每週兩次在傍晚五點到六點教授數學。第一個月的教學經驗讓他體驗到家教和管理整班學生的不同，以及針對一名學生與面對有著大幅程度落差的整個班級之需求差異。他結束一年的代課後，決定繼續從事法律正職工作。

其他人如果心想：「我對教學好像有興趣。」就可以在當前受僱的地方，試著利用午餐時間教學，或是週末時到成人教育機構教書試試看。喬丹娜在萊雅（L'Oréal）擔任產品經理時，心中抱持對教學和教育的興趣。她對我說：「我利用週末在附近的社區大學教書、有空就在公立學校義務教學，並且視情況為大學生舉辦工作坊。在和這個領域『交往看看』後，我才有足夠的信心離開萊雅，選擇從事更多教學活動的工作，獲得更多成就感。」

採取階段性做法逐夢前行

階段性做法也可以讓我們在親密關係中避免因為重要轉變，而出現適應不良或相互指責的情形。回想第一章提到的，阿吉爾說服盧帕投入新創公司的後果。與其推銷未來的正面願景來取得未婚妻的認同（**到時候**能「向創業投資人募資」、「把第一個產品賣給國防部」），他應該清楚表達規劃和夢想中可能存在的問題，並且分階段一步步行動，這樣盧帕就能完整了解，同時適應其中的風險與機會。

如果阿吉爾說出：「我們接下來一年可能無法募集到資金。要是那樣的話，我可以怎麼做來支付帳單；如果國防部不買帳，我們同時也在和一位中型企業業者接洽，能為對方提供清潔技術的解決方案。」就能讓盧帕對他要創業的決定更有信心。如果當初阿吉爾能夠分階段進行，可能有機會扭轉風險太大的決策，兩人就能對未來描繪出更清晰的輪廓。

透過期望或後悔的可能性來引發改變

即使理智要你改變，但是心裡卻可能抗拒著離開舒適圈的念頭。最佳的創業者要燃起鬥志，不是專注設想新創投事業帶來的大收穫，就是努力避免未來可能會懊悔。

看看史帝夫・賈伯斯（Steve Jobs）的例子，他想要召集摯友史帝夫・沃茲尼克（Steve Wozniak）一起創辦蘋果電腦（Apple Computer）。沃茲尼克是智商超過兩百的工程師，他是一個很單純的人，當時已經在夢想的職位工作，也就是在電腦先驅惠普（Hewlett-Packard, HP）負責設計科學計算機。沃茲尼克說道：「我要研發的產品，在當時可說是世界級的重要產品……。我原本根本不打算離開惠普，而是計畫……要終身在那裡工作[8]。」賈伯斯一方面要對抗的是沃茲尼克對任職公司的忠誠度，另一方面要對抗的則是沃茲尼克最敬重的人（也就是他的父親）所說的話。誠如沃茲尼克所言：「父親不斷告訴我，現在的工作是我能做的最重要的事，要是失去了，將會是最大的遺憾[9]。」

不過，賈伯斯一步步讓沃茲尼克見識到共同創辦個人電腦公司的潛在報酬。沃茲尼克送出原始蘋果電腦電路板示意圖時，表示可以免費供人使用，但賈伯斯說服他不要這麼做。為了展現團隊獲利的能力，賈伯斯付錢請人草擬出沃茲尼克設計的電路板，設想每張十五美元賣出示意圖給各家公司，即使沃茲尼克覺得應該無法成功銷售，但賈伯斯引發沃茲尼克的冒險心，說道：「就算我們損失一些錢，還是有一家公司在[10]。」然後賈伯斯透過成功銷售，達成兩人的合作。蘋果的第一位客戶想要的不是沃茲尼克畫的示意圖，也不想自行組裝，而是要購買一百台組裝完成的電腦，每台電腦願意支付五百美元。這筆總共五萬美元的訂單比沃茲尼克年薪的兩倍還多，賈伯斯立刻打電話給在惠普的沃茲尼克，詢問：「你願意正式加入嗎[11]？」賈伯斯讓沃茲尼克知道，他原本只是當成興趣做的事能夠化為真實的訂單，藉此讓好友看見所能打造的前景。

至於懊悔產生的動力，喬丹娜在離開萊雅後，注意到自己希望能對他人有更深入、一對一的影響力，像是提供諮詢，幫人度過艱辛時期。她也明瞭為了達成這點，除了取得企管碩士學位外，還需要有臨床心理學的學位，於是她申請心理學碩士班，並且順利被優秀的學校錄取。不過，喬丹娜很快就因為父母催促她找工作償付學貸而備感壓力，父母堅決表示：「心理學碩士班又不會跑掉。」喬丹娜藉由企管碩士背景爭取到的優渥職缺確實可能不見，受制於經濟因素，她向心理學碩士班申請延後入學。

接下來幾週，喬丹娜心中的懊悔感逐漸侵襲，讓她決定還是要追求心理學學位。她說：「我心裡明白，要是錯過這次機會就會很後悔，因此想要真正鼓起勇氣，放手一搏。雖然這麼說可能有些嚴苛，但是我知道如果不這麼做，一定會痛恨自己！我下半輩子都會記得，自己明明有機會和能力達成夢想卻選擇放棄，這會對自我感覺造成打擊，因此讓我能夠抵抗父母之命。」在實際開始心理學課程前，喬丹娜就明白，許多人晚年因為過去未能行動而心生遺憾，更甚於曾展開行動而產生的懊悔[12]。喬丹娜設想未來會有的懊悔，明白她之前只是把他人的價值觀當作自己的價值觀罷了。

調整目標的時機

假設你已經歷千辛萬苦，預備測試夢想的第一階段，但是有別於喬丹娜，你透過學習過程，發現自己根本不該追尋那個夢想。在一走了之前，先詢問自己：我的構想有沒有其他的發展能較為切合實際？說不定會有。人很可能受困於夢想的瑣碎細節，我們可以稍微調換這些細節，然後看看會有什麼成果。譬如，與發起反霸凌組織相比，你應該把目標放在經營國小內的既有組織，或是可以成為替這類組織募款的召集人。這些都還是令人振奮的大夢想，但卻較容易達成。

希望上述所言能激勵你展開行動，並且提供實用工具，讓你克服前往新旅程的猶豫心態。另外，也希望我沒有讓你太過躍躍欲試。如同先前所見，對新事業太過熱情，加上低估風險，就和無法行動一樣，最終會導致遺憾，因此切記要控制好自己的投入程度。

掌控自己的熱情

有一個常聽見的說法是，創業者先跳下飛機，才一邊開始製作降落傘。其實最佳創辦人的做法恰恰相反，他們會制止自己一頭栽進未知領域的衝動。世界上有許多如同阿吉爾的人，要他們慢下來，並多用理智評估改變並不容易，不過最有成效的創業者就是這麼做的。同樣地，如果你在生活中的某個領域懷有熱忱，希望能把最喜愛的嗜好轉換成全職事業，也應該這麼規劃。

當狀況正在快馬加鞭前進時，我們該做的不是拋開一切跟著跑，而是應該採用其他一連串的做法。

全盤考量，關注灰色地帶

最佳創辦人要確認自己渴望的行動時，會創造類似文氏圖（Venn diagram）的圖形衡量局勢，評估預備情況會落在三個區域中的哪一個（參見圖一），如果沒有落在正中央，就會停下腳步，並努力讓自己脫離白色或灰色區域，進入黑色的中心。

首先，這些創業者會詢問：**市場**是否願意為他們的構想買單，而不是一廂情願地認為自己的想法一定會引起許多人共鳴。德州高階主管貝瑞．諾爾斯（Barry Nalls）在大型電信公司

GTE任職十年，接著決定創業，他說：「我希望能運用自己在GTE職位上學到的一切知識，創辦一家新公司，我想擁有屬於自己的公司。」然而，諾爾斯一開始的嘗試失敗了，因為他想提供的服務在市場上需求不高。他說：「有兩方面讓人感到極為痛苦：我沒放一天假，還把所有錢都投入其中。不僅沒有應急的存款，又沒有收入，簡直是一貧如洗，所以在金錢和精神方面都非常棘手。」

於是，諾爾斯又回到GTE，學習如何測試市場，以判斷是否有足夠需求來建立可長久經營的事業，以及有了市場需求後又要怎麼推行產品。他在GTE待了十年後再度離職，這一次他創立非常成功的電信公司Masergy。此時他的計畫「非常類似在GTE為產品上市所建立的商業計畫」，詢問自己一連串問題：「我懂得什麼？我懂得電信，所以事業要朝著這個方向發展。

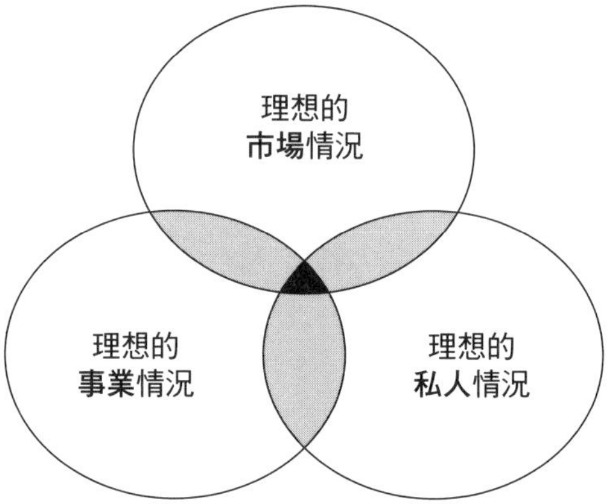

圖一　創業的預備狀態

我認識誰？我認識企業客戶。這些客戶在意電信哪些方面的事？他們願意在哪些事項花錢[13]？」

第二，創業者會詢問自己：是否發展出**事業**方面的技巧和人脈等資源來推行計畫。諾爾斯首次創業失敗後，知道自己欠缺如何發展與部署新產品的知識，以及缺少小型公司的合作對象。他藉由在GTE的職涯，積極彌補這些缺失。舉例來說，他每隔十八到二十四個月就會轉換職位，好增加對產品的經驗，並讓自己的人脈變得更健全。

第三，這些創業者會詢問自己：**私人**情況是否已準備好提供支持。家人能夠接受這項改變嗎？諾爾斯大半輩子都住在德州，開始創立新公司Masergy時，舉家遷居到洛杉磯，但是他很快就注意到，洛杉磯的學校無法滿足自閉症兒子的需求，於是立刻反應過來，又搬回德州，改成隔週通勤來回。他設法採取這個顧及雙邊的方式，不過也因此讓他的創投事業發展緩慢。他向我解釋，如果先仔細評估這樣在家人方面可能會產生哪些問題，就能讓妻兒（和自己）過得更順利，像是「如果指派給兒子的語言治療師對自閉症沒有經驗怎麼辦？洛杉磯的生活成本高，會不會讓我們無法自費另聘治療師[14]？」

利用文氏圖設想改變情況

你也可以隨時採用文氏圖方法，設想重大的改變。舉例來說，如果你很想轉換跑道，可以看看各種情況是否支持你的新路徑。仔細審視有哪些不利的情形，看看自己是否處於灰色地帶，並盡可能接近中心。當然，也要視情況稍微修改這張圖表。除非要規劃的是創業，否則就要把「市場」改成更相關的事，像是你追求機會的規模和價值。這項改變是否讓你興致高昂？能否帶來成長？是否有利可圖？

其他要詢問自己的問題，包括：三項因素中的哪一項最重要，因此要在圖表中占據的面積較大？你對理想條件的門檻是什麼，或是要有幾項因素滿足理想條件才願意改變？是否三項因素都要符合理想，才能取得中心位置，還是如果處在灰色地帶就願意這麼做？最重要的是，如果你要積極進行，如何使用這項分析提升表現不足的因素，以求更趨近理想？

我有兩位身為高階主管的企管碩士學生，使用文氏圖方法評估希望能執行的決策，例如，和配偶是否要再生一個小孩，這對其中一位學生來說是第二胎，對另一位學生則是第三胎。我從一開始就注意到兩位學生對家庭要素的關注，他們非常清楚地表示喜歡和小孩共處的優質時光。在兩位學生的分析中，三個圓圈代表的是配偶的事業狀況、能否在經濟來源上支持家庭，以及自己的事業狀況。這三項因素的重要性不一，因此在圖表上所占的大小也不相同。特別的是兩人都優先重視配偶的事業狀況，所以畫成三個圓圈中最大的，不過他們在另外兩個圓圈的大小設計不同，並且對各因素當下的理想狀況評估成果也相異。

討論中最有趣的事，在於兩人對理想門檻的界定：是否要取得正中心、達成各因素的理想條件，或是如果只缺少一項因素還是願意執行？他們決定配偶因素與至少另外一．五項其他因素要達成理想，自己也對這項決定感到驚訝，結果發現這是相當高的標準，無法達成他們對理想的要求。妻子的事業狀況還不夠穩定，而且自己的事業發展方向也正在改變，因此必須多儲蓄。

其中一位學生想出具體的計畫，認為能在大約兩年後，讓自己的家庭達成二．五項理想條件，儘管「現在小孩在自費的日間托兒中心，但是當他就讀公立學校後，就能稍微減輕經濟負擔，於是可以重新評估狀況，還有現在我雖然想要多陪孩子，但是必須經常出差，或許等團隊進一步發展後，能自行負責更多的工作，也能代替我出差，到時候就可以不用親自前往了。」這些行動如圖二所示，能讓他更接近正中心，達成二．五項因素的門檻。

理性評估機會，平衡工作與生活

理智評估事業機會，也可以用來創造正向對話。安德魯和黛安是一對三十出頭的夫婦，在俄亥俄州的家族企業裡擔任高階經理。他們很享受自己在事業上的自主性、在公司內的影響力、穩定的收入，還有工作與生活的平衡，也正打算生第一胎，並且迫切期待附近的親戚幫忙照顧小孩。

然而，安德魯一直懷抱著能在高度壓力下的矽谷科技公司工作夢想，他和矽谷知名新創公司的人談過，因此獲得極具吸引力的工作邀約。從許多方面來看，這份工作就是安德魯夢寐以求的工作機會，首先這能讓他回歸科技領域，這是他從大學畢業後，多年來很享受的工作環境，但是他後來離職，接管家族企業。安德魯接管家族企業的實務經驗，在實際經營上建立信譽，也表示未來會有更多有趣、精選的工作機會在前方等待。如同文氏圖中看到的，安德魯的前兩個圓圈是科技業和新創機會，這兩點都達到標準！

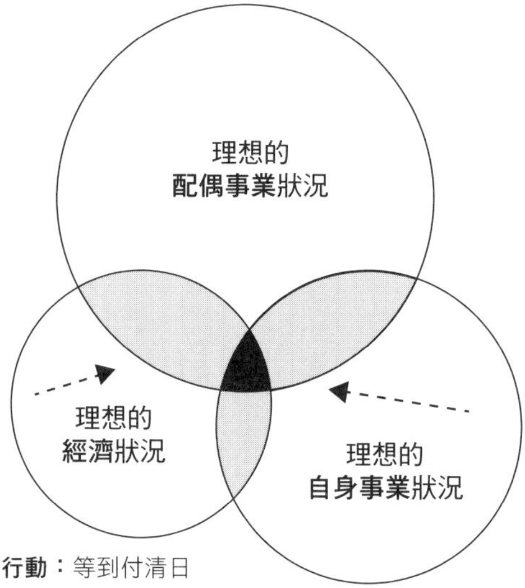

創造更佳情況的行動：等到付清日間托兒中心的款項，以及小孩就讀公立學校

創造更佳情況的行動：讓團隊更有能力負責出差公務

備註：圓圈大小反映出相對重要程度。

圖二　再生一胎的預備狀態

安德魯和黛安知道，條件這麼好的工作機會很難得，但是因為小孩要出生了，這份工作可能會破壞現有工作與生活的平衡。更糟的是，如果搬到舊金山，他們就會遠離家族力量的支持，還有免費的小孩照護。安德魯告訴我的研究助理：「家族裡的每個人都會運用人情網絡，包含姑姑、叔叔、堂兄弟姊妹和祖父母。因為家族很龐大，請親戚幫忙照顧會容易許多，所以沒有人會把孩子送到日間托兒機構。如果搬到舊金山住，因為我每週都必須工作八十個小時以上，照顧小孩的職責就會全部落在黛安的身上。雖然也可以請保姆，但卻不太喜歡這麼做，也還沒準備好把小孩送到日間托兒中心。」安德魯的父母也堅決反對。安德魯說：「在他們的第一個孫子出生前，我們就搬到舊金山，對我的父母而言是很大的打擊。他們說我們根本不曉得小孩需要多大的支持，而且在小孩出生前，我轉職從事高度壓力的工作，簡直就是瘋狂的想法。」

這些考量讓安德魯和黛安有了第三個圓圈——家族支持。在公開討論後，夫妻面對的情況都不盡理想，因此最終決定放棄舊金山的工作。安德魯表示：「現在的時機不太對，我希望在有另一個孩子，以及兩個小孩更年長後，能再來接任這個職位或是類似的工作。」按照先前學到的經驗，加上計畫的時間，他們能積極找出許多挑戰的解決方式，並且面對讓安德魯無法追求這份工作的經濟和心理束縛，但是同樣的問題在未來不見得會讓他無法行動。

使用三大要素方法磨練投售＊技巧

一旦辨識出讓你無法掌握最佳情況的灰色地帶後，就要開始考量可以透過改變哪些因素來達到標準。創業聘僱顧問公司G. H. Smart創辦人傑夫・斯瑪特（Geoff Smart）研究顯示，求職者要取得最佳的成功機會，可以仔細思考他所說的轉職三大要素。斯瑪特向我解釋道：「在準備轉換職涯的策略時，切記不要一次改變太多個因素。」三大要素的重點可歸結為以下三個問題：你目前工作的目標客群是誰？（銷售對象是個別客戶、企業、政府，或甚至是董事會或委員會？）你要賣什麼產品給客戶（如消費性產品、企業版軟體、行銷服務，或是你獨到的見解）？最後，你每天處理的主要挑戰是什麼？

斯瑪特建議，轉職者每次換工作時只改變一個要素。如果所有的要素都不變，容易造成職涯停滯；而一次改變太多要素，恐怕會招致極大風險。

假設有一個銷售人員負責販售軟體服務給《財星》五百大企業的人力部門，他的業績卓越，接下來希望在職涯中創造一些改變，如更換販售的產品。於是，他開始向《財星》五百大企業的人力部門推銷薪給服務，在銷售上取得成功也是不難想像的事。可是，如果要在完全不同的產業，向截然不同的對象販售完全不同的產品，就很難發揮過去的優勢，也沒有什麼可以運用的人脈。一次變動二或三個要素，還要取得成功，就會變得相當困難。

想練習斯瑪特做法，可以預想一場和潛在雇主的面試。如果你轉換職涯時只改變一項要素，往往還能提出強而有力的說法，表示你想運用先前兩大要素累積的經驗，結合這項改變的新要素，來激發創新與變化；如果你想要同時改變一項以上的要素，就得磨練「投售技巧」，並且設想那樣的論述能否成功說服對方。可以請教已取得你理想職位的前輩，是透過哪些技巧來獲取成功的。在確認自身投售技巧的弱點時，想想面試官會認為你的經驗中有哪些不足、你要採取什麼積極行動來彌補這些漏洞？舉例來說，如果你原本是從事企業對企業（B2B）的工作，但想要發展企業對客戶（B2C）的機會，是不是能詢問目前的雇主是否願意讓你每週排定幾小時協助向客戶銷售的業務？利用投售技巧的測試，找出未來可能會面臨的挑戰，並及早擬定因應方式。

我也告訴有意申請敝校企管碩士的應試生：試著用擬定最佳「投售方式」的技巧填寫備審資

*譯注：英文為pitch，是指向潛在投資者呈現企業構想。

料，說明你為什麼值得被錄取、查看自己哪些部分還有欠缺，並積極加強這些部分。這麼做的同時，也是迫使自己用潛在雇主或甄試委員會的眼光來看待事情。應試生遇到的一大癥結點，在於可能不清楚，或甚至誤解該計畫想錄取的對象。這時候可以好好運用了解詳情的人脈，請熟悉申請單位的重要人士檢視你的備審資料，並且抓出弱點。

例如，在詢問經驗豐富的企管碩士畢業生後，有位「寬客」（quant，學習金融、數理或工程背景的本科生）知道自己在備審資料上無法清楚展現領導經驗，於是多磨練了一年來加強工作經驗，在數個月間引領企劃團隊，並在社群活動中扮演領導角色。另外，在此也談談文科的狀況，有位文組背景的學生了解面試官可能會質疑他的數理能力，於是聽從建議修習一門扎實的企業金融課程，並順利拿到 A 的成績。（這個過程還可以幫助考量自己是否適合走企管碩士這條路。）只要時間允許，加上有足夠的事前準備，你也能加強自我條件、精進投售表現。

一次只改變一個面向，否則將難以駕馭

創業者也同樣面臨三大要素的挑戰。連續創業者如果在後續成立的新創公司中，一次改變多項要素（產業、地點或總體經濟狀況），就會因為較久才能重拾主導力量，造成表現不如改變較少的創業者[15]。例如，連鎖麵食餐廳 Noodles & Company 創辦人就遇到要素變動的問題，該

公司的新執行長並不適任，因為他在營運方面實行太多改變：從產業的一種次區隔跳到另一種，以及從穩健的企業氛圍改成快速擴張的競爭文化。創辦人注意到執行長一次改變太多面向，因此更換一位更能駕馭要素調配的人選。

當然，我們也能想到一些同時改變多項因素卻依然成功的典範。畢竟人總要有楷模來激勵自己度過艱難時刻，大家也都樂見在人生中做出劇烈改變而有非凡成就的人物。然而，我們不能要求自己的奮鬥歷程也複製他們的做法（事實上他們是稀少的離群值，而不是常態），否則只會讓我們在人生的重要轉捩點做出思慮不周的決策。剛起步的創業者往往會提及一些一舉成功的創業家，談論他們如何讓公司成為業界龍頭，並且從頭到尾都掌握狀況。

但是，我從他們口中聽到的幾乎都是同樣的名字〔比爾．蓋茲（Bill Gates）、賈伯斯、馬克．祖克柏（Mark Zuckerberg）！〕可見這類典範有多麼稀少。不僅如此，我請學生挑戰舉出十個這類成功典範，他們也興致勃勃地想要證明我錯了，但是最後仔細一數，他們真的都無法舉出十個，甚至還有許多例子並不適切。譬如，他們最常以蓋茲和賈伯斯為例，但微軟（Microsoft）並不是蓋茲和保羅．艾倫（Paul Allen）共同建立的第一家新創公司；賈伯斯在前二十年的歲月裡從來不是以執行長的身分管理蘋果，直到公司浴火重生後才升任執行長。雖然兩人常受眾人讚譽，但其實都不算是初試啼聲就成功的典範。

一次只調動一個因素來持續發展、創新及擴展，將能帶來新穎的經驗與挑戰；在你對改變抱持熱情的同時，切記不要因為做得太過頭，最終反而身受其害。

下手前先試用，了解問題所在

我正準備離開哈佛商學院的最後時刻，和妻子希望能搬到當初建立家庭的城市，因為這麼久以來，我們在波士頓都沒有親戚。人往往想追求第一個出現的有吸引機會：一所新成立的知名工程學校，他們希望能開設創業課程，而且學校所在的位置也很接近其中兩個小孩住的地方。不過，我希望能一步一步來，先和潛在機會「交往」看看，一邊保留在哈佛的職位，一邊擔任其他學校的客座教授。在這些兼課工作裡，我能夠理解到各校間的差別，思考這些差異中的哪一項較為重要，而且能從內部來體驗各校的不同，再決定要把哪一所學校當作下一個長期的棲身之地。如同之前提及的，一次進行一項小型的專項改變，關注的是特定的不確定因素，而不是完整的各項問題。相較之下，這些兼課的工作讓我可以嘗試類似完全改變後的生活，體驗到真的轉換到新學校後的整體工作樣貌。如果這一次的兼課發生問題，總比整個職涯轉變出了差錯來得容易補救。

我也從許多成功創業者完全投入前，先嘗試新的事業發展而有所學習，相較於直接從受僱轉變為全職創業者，有些創業者先一邊推動新投資事業，一邊保留原本的工作，這麼做能減少新創公司三三％的失敗率，因為他們採用階段性做法來了解新事業[16]。過去幾年來，參與我工作坊的創業者中，有二六％的人先在新創公司從事兼職工作，同時保留原本的日間工作（和薪水）。

分階段進行能讓你突破身上枷鎖，而在實際下手前先嘗試，能讓你控制好自己的熱情。先在壓力較小的環境中學習進行小實驗，能讓你試試看是否一如預期地喜歡新工作或新雇主。並不是每個人都能輕易和雇主說好在原有工作中排入兼職工作，但是你可以先試著發揮創意，安排一些短期任務，讓你能達成同樣目標。換句話說，在「結婚」前要先「交往」看看，因為如果決定在新工作確定後，要改變投入心力就變得更困難。只要還沒有放棄現有工作，若事情不如想像中美好，還比較容易改變決策。更好的是，你可能有機會了解，要怎麼改變自己在工作上的投入，兼顧工作與家庭的職責，讓接下來的「試驗計畫」更容易執行。

想投入社會企業的人，如果不確定原本的商業技巧能否運用在新領域裡，可以試試看在非營利組織擔任義工，在組織中實施明確企畫。根據我的經驗，非營利組織在管理做法和財務流程兩方面，能受惠於營利事業的經驗。你可以和非營利組織的董事成員交談，了解他們如何加強責任歸屬，像是會不會定期針對執行長進行審查與評估？或是能不能利用這樣的流程，並發展評估表格？或是更難得的，董事會是否會針對自身進行定期審查以求進展？如果你找到非營利組織可用來學習的商業技巧，就能和董事會成員合作進行兼職企畫，以採用這項做法。在財務流程方面，如果你和組織的財務主管聊過，並找出實用的預算做法，而對方也願意採用，就能在一項企畫裡把它融入現有的流程中。

透過這些企畫，能知道你期望的影響力能否實踐，或是該組織對你的想法有所抗拒，因而考量是否要加深彼此的關係。可先用兼職的方式加以實驗，會較容易修改，因為還保留原本的全職工作。在過程中考慮是否要完全投入，也讓對方有機會考量是否要讓你加入。

這些想法也可以運用到真實的戀愛經驗，畢竟沒有經過詳加思考的熱情可能會誤導人。用正確的方式約會能得到許多的好處，一開始對某人產生好感時，可以先透過約會的方式來了解一些問題，免得相處一久才發現，讓問題變得更惡化；或是及早發現一些狀況，好用來加強彼此的感情。例如，如果你很重視宗教，可以先試試對方的信仰，評估和自己是否符合。探索雙方希望有的感情形式，其中一人可能希望結婚、生子；從未考慮婚姻中有生小孩的安排；抑或是根本不打算結婚。她是否像你一樣會儲蓄，或是喜歡花錢，過著入不敷出的生活？當你們的共同帳戶存款剩下不到五千美元時，對方是否不理會你沉重的心理負擔？評估這一點就像是共同創辦人的做法，他們會先評估另一位創辦夥伴是否想在構想的早期測試階段或行銷方面投資較多金錢，而另一人卻希望能存錢。可以預先思考會有哪些讓雙方失和的因素，如果幾個月或幾年後（或結婚後）才發現會導致晴天霹靂，想辦法在交往時期，就先了解這些問題是否存在。

避免過多選擇讓人無所適從

在下手前先嘗試也有壞處，就是可能會因為各種可能性，而讓人不知所措。沒有選擇會讓人心生不快，但是如果從選擇很少變成選擇過多，也常常會帶來不滿[17]。一九六〇年代，喬・庫倫布（Joe Coulombe）在洛杉磯開設的雜貨店 Pronto Markets，遭遇和其他商店在商品多元性的競爭。一九六七年，他創立 Trader Joe's 連鎖雜貨店，其中一個創立構想是限制產品的選擇性：Trader Joe's 每家商店存貨為三千到四千件商品，比其他同業商店來得少，因為其他商店存貨可能高達五萬項商品[18]。因此，Trader Joe's 每平方英里面積的銷售量在業界排名最高，甚至是直接競爭對手全食超市（Whole Foods）的兩倍，全食超市每家商店的存貨通常有兩萬項[19]。

同樣地，求職者也可能由於太多選擇而感到為難。貝瑞・史瓦茲（Barry Schwartz）是斯沃斯摩爾學院（Swarthmore College）的心理學教授，著有《只想買條牛仔褲：選擇的弔詭》（*The Paradox of Choice*）一書，他研究十一所學校，共五百四十八位應屆畢業生，一路觀察他們從十月到六月畢業期間的求職狀況。其中有一群人是所謂的「極大化者」（maximizer），會盡可能評估所有的選項，這些人取得的工作在平均薪資上多了五分之一，但卻對結果感到較為不滿。

史瓦茲說：「極大化者不可能檢視每個選項，最後還是不得不選出其中一個，因此到頭來讓他們感到挫折[20]。」史瓦茲建議，有這種傾向的人可以降低自己的標準，選擇符合先前所訂的重點要求選項，接著集中關注這個選擇裡的正面特質，不要再想其他的選項。

另外一項提醒是：不要太高估「交往」過程和「婚姻」之間的相似程度。就算你先用小劑量嘗試一個新活動，還是要注意這項經驗在哪些方面可能和實際上完全投入後有所不同。對我的小孩來說，暫時到加州與住在哪裡並不一樣。我在兼課時，要不斷提醒自己，別太過把這項經驗比擬到在同一所學校擔任全職教職員的情況。這一點也非常符合實際交往和婚姻之間的關係，有些人認為同居能幫助未婚情侶考量最後是否要步入禮堂，但是這種想法恐怕過於樂觀。由家庭學者克萊兒·坎普·杜希（Claire Kamp Dush）領導的賓州團隊，發現一千四百二十五對美國情侶中，曾經同居的人表示婚姻品質明顯較低，婚姻穩定度也比未曾同居的人還低[21]。交往時要睜大眼睛，不只要注意另一半，也要思考這個情境是否真正接近你最終希望的狀況。

尋求外界的眼光協助，避免過度美化的視角

就算覺得自己已經睜大雙眼，往往還是容易被熱情蒙蔽。神經科學家沙羅特提出一項警告：一般人自然而然會戴著美化的眼鏡來看待世界，不管是低估離婚的可能性，或是高估在就業市

場上的成功機會[22]。（還記得之前講到小型企業所有者常常高估自己創業的前景嗎？）為了符合現實，大家都應該保有理智的距離，避免一時衝動行事。如果是事業上的改變，可以先對新職位進行審慎的調查，避免產生「外國的月亮比較圓」的偏見。或許可以借用「帶著自己的子女上班」這種概念，在考慮從事的領域裡，請前輩帶著你上班（就算這個人還不到你父母的年紀）。

如果你自己無法和情緒抗衡，也可以請其他人幫忙。Airbnb 成立於二〇〇七年底，創辦人是布萊恩・切斯基（Brian Chesky）、喬・傑比亞（Joe Gebbia）及內森・布萊卡斯亞克（Nathan Blecharczyk）。這家公司最初的顧問是來自 YC 的育成計畫，包含創辦人暨創業教父保羅・葛拉翰（Paul Graham）。葛拉翰在 Airbnb 早期創立時提供關鍵建議。當時有很多使用者沒聽過 Airbnb 這家公司，而且有些人也表示不打算使用它的服務。即使團隊使出渾身解數，讓使用者注意他們的平台，但是如傑比亞所言：「怎麼做都沒用，葛拉翰……讓我們跨出舒適圈，並和在紐約的使用者對談[23]。」

雖然葛拉翰對於要怎麼解決問題並沒有完整頭緒，但是他知道和使用者洽談必定能找出問題的根源。於是，創辦人就在紐約向 Airbnb 簽約店家訂房、實際住宿，並和他們談談這項服務。在這麼做的過程中，他們了解到網站上放置未經修飾的房屋照片，會讓許多原本有機會住宿的人仍選擇自己最熟悉的其他旅館。因此，Airbnb 委託攝影師拍攝房間的陳設，住房率也隨之攀升。有了葛拉翰的建議，讓這家公司的創辦人在幾週內就處理了關鍵問題，而不是等到幾個月，或甚至幾年後。

體認外部顧問能帶來的價值後，許多厲害的創業者組成個人的顧問團隊，或是舉辦正式的執行長討論會，讓人可以稍微感受現實狀況。我們也可以運用類似的方法，以系統化的方式找出顧問，並請他們幫忙，一同考量正在面臨的挑戰。切斯基是Airbnb現任執行長，他直接找到源頭，找出特定主題上的最佳權威，並請求協助。當Airbnb擴大規模時，切斯基能運用來自其他創辦人的資訊（通常只是透過請求會議或訪談），包括臉書的祖克柏，還有亞馬遜（Amazon）的傑夫·貝佐斯（Jeff Bezos）。（我的經驗也印證同樣想法：創辦人通常都非常願意回饋經驗給下一代的創業者，甚至願意自費出國參與我的八十分鐘課程。）

除了採用類似領域中領導者的想法以外，切斯基更尋找一些出人意表，甚至看似關聯不大的人給予意見，並且統整這些意見。舉例來說，在遇到聘僱困境時，他找的並不是大公司的人力資源部門主管，而是找好萊塢電影代理商，因為對方最重視的就是能吸引人的才能。切斯基也不斷建立自己的顧問網絡。他從蘋果設計長強尼·艾夫（Jony Ive）身上，了解到蘋果能以同一系列推出所有的產品，表示公司關注焦點。請熟知的外界人士幫忙，也讓切斯基能在Airbnb擴大規模時，彌補自己知識上的不足[24]。

建立強力的人際網絡與口碑

要怎麼做才能讓外界人士願意花時間幫助你呢？卓越的創辦人會為重要影響者做小型企畫，或是幫忙來建立口碑與強力的人際網絡。奈特和他的教練，也就是傳奇的鮑爾曼維持良好關係，鮑爾曼後來用廚房的鬆餅鐵煎盤設計格紋，創造第一款Ｎｉｋｅ鞋底[25]。奈特自願成為競賽中第一位穿著鮑爾曼客製化鞋子的跑者，當實驗白老鼠[26]。藉由這麼做，奈特強化與鮑爾曼之間的良好關係，最後讓鮑爾曼成為藍緞帶運動（Blue Ribbon Sports）合夥人，這家公司也是Ｎｉｋｅ的前身。

培養這樣的關係，能讓你了解如何在新發展中處理挑戰，以及得到因為大膽舉動帶來的效益。和那些決定實行類似你企畫的人談一談，或是對你所做的工作有實務經驗的人，而不只是在同樣職位上多你一、兩年經驗的朋友，或是因為交情好又不好意思給你批評的人。如果想要了解關鍵的挑戰，就需要一個同時具有經驗且願意坦白的人，對方願意提出尖銳的問題詢問你，就像是真正董事會所做的。如同那樣的顧問能讓你以較低廉的成本，學到其他可能要付出高價才學到的事，也能讓你想辦法預先處理或解決問題。

這些顧問能讓你避免向另一半推銷不切實際的願景。如果阿吉爾有一位優秀的顧問，催促他主動找盧帕，並且坦言想創業的期望，以及可能會對家庭造成的好壞影響，就可以建議他試著了解未婚妻的恐懼，並且腦力激盪找出解決方法，像是可以做出更好的準備，或是調整創業的時機。像阿吉爾這樣的人，要是能越早處理事情的各種發展情勢，就更能好好應對。

這個方法也適用於私領域遇到的問題，假設你的小孩被診斷有學習障礙，就算你覺得有把握處理這個問題，仍建議尋找有類似病症小孩的家庭，這樣能讓你確保真的了解長期要面對的事，以及如何讓小孩獲得所需的支持。我們可以回想諾爾斯的狀況，他不清楚洛杉磯在安置特教生的體制上有缺陷，如果他積極尋求有自閉症兒童的家庭，並和對方談一談，就可以省下兩次昂貴又繁複的做法。雖然人們無法每次都預料到未來會發生的事，但卻可以專注常出現的主要問題，或是對你而言成本特別高的狀況，就能讓你了解可能的疑慮。

維持熱情，達到理性和感性的平衡

有時候我和學生或有意創業的人談到管理風險的策略時，他們會半開玩笑地說，我簡直是在澆熄他們的熱情。要畫出文氏圖、考量各項要素，還要獲得外界的目光檢視，又怎能同時對人生中的轉變感到興致高昂呢？

聽到他們這麼說時，我問他們知不知道「熱情」的英文 passion 來自拉丁文字根，意思就是

「受苦」，我不希望削弱他們的興致，而是真心希望能幫助他們減低往往會伴隨著熱情而來的痛苦。

在想要減輕痛苦的同時，希望不要讓人誤以為我認同要在人生重大轉變中抽離情緒，其實恰恰相反，我非常注重情緒對做出決策的正面影響。就算創辦人能完全消除自己的情緒，只會帶來更糟的決策，即使非創業相關的決策也一樣。例如，神經科學家安東尼・達馬吉歐（Antonio Damasio）寫到一位病患的狀況，對方在動前腦手術後喪失情緒，其他功能則保持完好，這位病患感受不到喜悅或憤怒。乍聽之下好像沒有那麼糟糕，畢竟有時候我們偶爾也想要脫離生活中的情緒起伏，但這其實是非常嚴重的缺陷。雖然這位病患在其他方面的心智維持正常，但卻無法做出經過審慎思考的決策，他做出的舉動讓自己破產、積蓄付諸流水，並且與妻子離婚後，再婚卻又離婚。他無法從錯誤中記取教訓。觀察這位病患和許多有類似缺陷的人後，達馬吉歐歸結表示，情緒對支持決策扮演十分關鍵的角色[27]。

情緒是緊繫人類存在的表現，我們不能在投入項目完全去除情緒，也不該這麼做。在下一章中將會看到，真正的挑戰是如何控制情緒來幫助我們，而不是拖垮我們，並讓我們能達到理性和感性的平衡，因而獲益。這不只適用於失敗的深谷，也適用於令人振奮的成功巔峰。

第三章

失敗的轉機，成功的陷阱

人往往會在心中描繪出一心嚮往的願景，只要採用周全的方式管控，這些願景就能帶來向前的動力。然而，許多人心中想像的，卻是萬一追逐夢想失敗後的情景。向前跨出的路途上，需要我們學習不熟悉的技巧、離開原本的支持網絡、賭上自己的名聲，追求更好的未來，因此會躊躇不前。如果你小時候學過鋼琴，可以回想過去熟練一首曲子後，想要向大家展現的榮耀感。接著，想想一週後挑戰新的旋律遇到困難，因此不希望讓家人，甚至鄰居聽見的挫敗感。

在我們最脆弱的時刻，可能會忍不住想著一敗塗地的樣子：失業、沒有錢、沒有資產、生活仰賴他人、不受賞識、受盡羞辱等淒慘下場。害怕失敗是很強烈的驅力，讓人不敢盡情探索自己的可能性。

另一方面，當人沉浸於成功的想像時，也忘了要思考隨之而來的後續狀況。如果我順利升職，受到的要求會有什麼轉變？要是女友答應我的求婚，規劃婚禮的預算不足該怎麼辦？要是我家老大考上名校，可能付不起學費又要怎麼辦？

換句話說，無論對成功或失敗，我們都不太擅長周全思考，這一點可以借鑑創業者的經驗。創辦人很快就能適應失敗，卓越的創辦人能獲得成功，但或多或少也會有失敗的經驗，因此知道吃敗仗和凱旋的滋味，因為常有這些經歷，他們對成敗發展出特殊的因應方式。如同接下來會看到的，創辦人能展現反脆弱（antifragility）的特質，這個術語引用自納西姆·尼可拉斯·塔雷伯（Nassim Nicholas Taleb），是指能在失敗中獲取力量[1]。這些人能架好失敗的防護網、對失敗感到更自在，並且學會從失敗中獲益。他們在對失敗做好心理準備之餘，也會對成功將帶來的後續挑戰做好打算，以應對真正實現夢想的情形。

恐懼失敗會對未來抱持懷疑

舉例來說，勞倫·凱伊（Lauren Kay）創辦 Dating Ring 並成為執行長。這是一家前景看好的新創公司，在令人感到有距離感的線上交友活動外，加入離線往來的設計。共同創辦人艾瑪·泰斯勒（Emma Tessler）自稱是「感情與性向專家」，她曾在哈林區（Harlem）當過健教老師，是這家公司的幸福長。凱伊和泰斯勒一起加強規劃、發展網站及交友模型，並且募集資金。

起初，她們決定到知名創業育成機構YC，和上千家新創公司競爭參與學程的資格。YC過去曾催生許多業界重量級的新創公司，像是Dropbox、Air、Stripe、Reddit及Zenefits。凱伊和泰斯勒如同中大獎一般，錄取YC在二〇一四年一月開設的課程，成為前二%脫穎而出的隊伍。

凱伊說明最初參與YC三個月訓練收到的訊息：「各位進入創辦人的精選俱樂部……，你們在創業界的職責就是經營巨幅成長的卓越公司，因為公司表現出眾，而能吸引數千萬美元的資金投入，甚至募集到數十億資金。你們正在重新定義這個新未來。」他們建立的是挑戰現況的革命性公司，為了達到這一點，事業必須飛快成長。凱伊表示，如果參與YC課程的新創公司裡，有人表示預期獲得中度成長，對方則會問道：「你們來這裡做什麼？為什麼要來YC？你們沒有做好晉升大聯盟的準備……，這就像是明明置身奧運，嘴裡唸的卻是要在地方球隊中取得表現[2]。」

經過YC的洗禮後，凱伊和泰斯勒快速前進，引起潛在投資人的注意，每週都以一〇%的比率成長。除了最初從YC獲得的十萬美元投資外，也從天使投資人（用自有資金投資的富裕人士）身上獲得二十五萬五千美元資金。二〇一五年四月，她們出現在《紐約時報》（*New York Times*）的〈新創公司結合傳統交友和演算法〉（Start-Up Blends Old-Fashioned Matchmaking and

Algorithms）文章上[3]。

然而，情況很快變得更加艱難。凱伊和泰斯勒開始遇到收益持平的狀況，與使用者資料庫缺乏成長。經過一番折騰後，她們開始對未來抱持懷疑。在艱困時期，有位訪談者問道：「妳們擔心會發生什麼事？」凱伊稍微思考後，冷靜地回應：「擔心資金會用光，然後就必須離開公司，面對慘澹的未來。」這家公司眾所皆知，如果倒閉的話，大家也都會知道。凱伊必須回到舊公司工作，她說：「要回到原點，我絕對會喪失自信[4]。」

凱伊的父母也在Dating Ring中投資數萬美元。對凱伊而言，關閉公司就像是打破對母親的承諾。她說：「我一直做著我對他們承諾的事，要是這一次失敗，我會父母的面前抬不起頭，感覺就是向他們承認這項出乎預料的重大失敗[5]。」

凱伊的創業夥伴泰斯勒對這種情景更激動，她說：「大家都會知道我徹底失敗，我之前說過要走自己的路，即使知道違反慣例，還是請大家要對我有信心，但要是走到那一步，就等於在向那些不看好我的人證明他們是對的[6]。」

凱伊和泰斯勒擔心會在大眾面前失敗，因此猶豫是否要繼續追求ＹＣ對於巨幅成長的信念，並因此背負完全失敗的重大風險，或是要降低企圖，發展規模較小的公司。她們在說出對失敗的恐懼後不久，決定取消近期和潛在投資人的會議，並大舉降低成長計畫。凱伊離開公司，幾日後決定申請研究所，然後發現自己所做的只是「為了獲得顯而易見的答案，來回應『面對人生低潮時要怎麼辦』的巨大壓力。」於是她決定暫緩，表示：「從一個工作立刻跳到下一個，就像是先找好備胎才和現任分手，這樣可能會因為沒有時間反省而重蹈覆轍[7]。」她同時接家教、跑步、烹飪，並接受正職工作的面試，但是沒有一份工作能引起她的興趣。凱伊說：「我當時也搞不清楚自己在做什麼[8]。」

這個「下一步該怎麼走」的階段維持一年，直到有天凱伊再度和泰斯勒見面。前創業夥伴問她：「妳對這樣的生活滿意的話，為什麼要尋覓其他生活？」這時候凱伊發現：「原本我覺得滿意，但是其他人認為我應該多做點什麼。」不久後，泰斯勒在Dating Ring縮減規模時也離開公司，接著公司便交由長期合作的媒合業者接手，後來成為賺錢的小型企業。泰斯勒懷抱著取得碩士學位，並成為治療師的理想，回到校園完成學業。回首在Dating Ring的匆忙日子，泰斯勒五味雜陳，她說：「我對自己的身分認同有一部分在經營公司，不能這麼做是我的損失……，但是現在一想到要經營公司，就覺得不如跳河算了[9]。」

克服規避損失的傾向

儘管我們會對成功創業家有特定的想像，但凱伊和泰斯勒因為對失敗的恐懼而影響重要決策並不罕見。全球創業監護（Global Entrepreneurship Monitor, GEM）計畫研究在數十個國家的創業看法，評估項目包含在各國中認為有創業機會的人數比例、是否有信心覺得自己有能力創立事業，以及創業是否為良好的發展職涯。這項計畫也調查有多少人因為害怕失敗，而不敢發展重要事業的數據。結果顯示，不論受調查者所屬的國家是受生產要素驅動的國家（如阿爾及利亞、委內瑞拉）、受效率驅動的國家（如阿根廷、匈牙利、俄羅斯），或是受創新驅動的國家（如芬蘭、新加坡、美國），都有三到四成的人表示害怕失敗讓他們不敢創業[10]。

相較於創業者，非創業者對失敗的恐懼可能更加普遍。治療師泰曼．納德森（Tellman Knudson）從超過十年的經驗來看，表示：「在詢問一般人為什麼還沒有達成目標時，根據從多數人身上得到的反應，大多數時間對成功的頭號阻礙就是對失敗的恐懼[11]。」

這些目標也可能非常私人，作家斯蒂芬．康普頓（Steph Compton）對一位長期友人提出深入反思，她描述這位朋友道：「最了解我的人非他莫屬。」對方是康普頓往來最久也最要好的朋友之一，他們無話不談，「能天南地北聊天，幾個小時也不怕沒有話題。」她希望能提出和對方發展進一步關係，成為彼此的另一半，但是她猶豫了，如果對方不這麼想，會不會破壞兩人的友誼？遲疑好幾週後，她終於鼓起勇氣，「繳械投降，向對方坦白一切。」可是那天，她發現這位好友正和另一位女性開始交往。結果很諷刺，她因為怕會影響友誼而猶豫，但是正如她觀察到的心酸事實：「結果他有新女友帶來的結果也差不多。」她怕葬送友情的猶疑，導致無法進入更深入的伴侶關係，因而帶來悔恨。她說：「要是時光可以倒流，我會回去找數個月前的自己，然後迎面給她一拳……。人生要是沒有後悔就不是人生了，只是有些後悔較容易接受，有些則會不斷侵擾你，這一次是後者[12]。」

只要我們過分謹慎，很可能導致類似這種猶疑，造成事後追悔莫及。多數人都很熟悉過度謹慎的心態，像是沒有踩好而扭傷腳踝後，讓你接下來幾天都走得很小心，但是這種要避免造成更多傷害的心態可能會帶來麻煩，因為你仔細關注自己步伐，無法同時留意交通狀況；或是因為改變走法，加重其他肌肉的負擔，讓另一隻腳踝暴露在更大的風險中。

這種直覺做法的背後，是有研究佐證的人類偏見：規避損失的傾向。比起獲得利益，我們更傾向避免損失[13]。態度有點保守可能不礙事，但卻從根本上顯現我們看待損失的想法。事實上，避免失敗的直覺，會讓我們無法在失敗發生時加以正視，也讓我們無法向困境好好學習，或甚至轉化為機會。我們太害怕失敗，結果反而更糟：我們的防衛心重又想怪罪他人，因此無法做到與人合作，停止損失，東山再起。

隨著慢慢步入中年，規避損失的心態也會如影隨形。原本有機會帶來強烈滿足感的大計畫，常常因為數千個小職責而不了了之，包括取悅老闆，與平息他人不滿：在每個月幾乎一成不變的報告書中更新數字、為沒有前景的企畫準備投影片、為同事的抨擊撰寫冗長的回覆。到頭來，我們只能詢問自己：「那些大膽行動、卓越的發展計畫到哪裡去了？」

因為害怕小失敗，反而帶來大遺憾。

停一停，想一想

- 你是否因為害怕失敗而遲疑不決，未能把握引人入勝的機會？
- 你是否就像不敢在他人面前演奏新曲的年輕鋼琴彈奏者，害怕在大眾面前嘗試新挑戰？
- 如果先設想好失敗時會發生的最糟情況，講真的，從那樣的失敗重新振作有多困難？
- 如果你的擔憂讓自己不能追尋目標，不追求的話會不會帶來悔恨？

有時失敗是成功的跳板

同樣的問答能協助你應對另一個相關的問題：為**達成**目標後的後續進行思考和規劃。如同前英國首相溫斯頓．邱吉爾（Winston Churchill）所說：「與失敗相比，勝利帶來的問題更討人喜歡，但是實際上涉及的困難度卻不相上下[14]。」我所說的乍聽之下像是奢侈的想像，但你也可以先考量失敗真正後果的狀況來做準備。

成功也會帶來問題。舉例來說，錄取第一志願大學的學生裡，有二六％的人因為負擔不起學費而無法就讀[15]。同樣的情況也發生在買到夢想住屋的屋主身上，例如，自二〇一一年經濟衰退後，一千兩百一十萬戶家庭陷入房貸危機，經過幾年，經濟復甦後，在二〇一七年還是有數百萬人處於困境中[16]。

在職場上，彼得原理（Peter Principle）講述的是經過升遷後無法駕馭新職位的狀況，這是一個常見卻出乎許多人預料的現象[17]。在某個層級上表現良好的員工，因為無法達成新職位的需求而表現欠佳，無法進一步發展。實際例子像是業務員晉升為業務經理，或是頂尖的研究人員升任學術部門主任。

新創公司各階段發展節奏快，因而在每個階段產生越來越多樣的需求，創辦人就成為彼得原理的典型代表。以希臘優格公司喬巴尼（Chobani）創辦人漢迪・烏魯卡亞（Hamdi Ulukaya）為例，他在土耳其的一座小村莊長大，父母是製作起司和優格的庫德族（Kurd）農人。一九九四年，烏魯卡亞在安卡拉大學（Ankara University）就讀政治系期間，因為政府打壓庫德族少數族群，所以他離開土耳其，轉往美國學習英文，接著修習商業課程[18]。他覺得美國的優格差強人意，表示：「我覺得美國優格太甜也太水了，吃起來很噁心。我想吃優格的話，會自己在家做。在二〇一五年，我看到一封卡夫（Kraft）的優格工廠要歇業轉售的推銷垃圾郵件，於是產生興趣[19]。」然後買下了這家工廠。

不出三年，喬巴尼在優格的廣大市場中坐擁最高的市場占有率。如同烏魯卡亞所言：「喬巴尼進入ShopRite超市後一、兩週，就接到五千份訂單。我們第一次收到時，還再次確認不是五百份多打了一個零。結果我們最大的挑戰很快就變成不是要賣出夠多優格，而是要有辦法製作出足夠的數量。」他說得沒錯，二〇一四年公司銷售超過十億美元。他大舉成功，和許多投資人接洽生意，促成公司驚人成長。他說：「希臘優格變得很熱門，像Dannon和優沛蕾（Yoplait）等大品牌都想開發這塊市場。我們需要盡快成長，防止這些公司搶走我們創造出來的市場。有一陣子，我接到許多私募股權公司的電話或是和他們洽談，他們想要讓你產生自我懷疑，好為自己鋪路。我不斷聽到同樣的說詞：『你以前沒有做過這一行』、『這一行不適合新創公司[20]。』」

留意成功時遭遇的危機

面對這些負面意見時，烏魯卡亞變得更有自信。他仔細推論後，認為自己早期做的決策是正確的，所以擴大時為什麼不能照做？他想：「那些人有的籌碼，除了錢以外，還有什麼？」烏魯卡亞很有自信，認為其他人沒有極具經驗的專業人士坐鎮，所以沒有人能比他還會經營他的公司，他覺得不需要在自己身旁或團隊中新增後援。在同業競爭者的第一批優格上市時，烏魯卡亞表示有一點擔心，但是實際吃過這些產品後，發現自己多慮了，他說：「我試吃他們的優格時，覺得味道糟透了，簡直像是壞了。我甚至還在想，這些公司是不是故意要趕走客人，毀掉整個希臘優格市場，保障原有品牌的地位。」到目前為止，喬巴尼的狀況還很安全[21]。

不過，這家公司開始面臨本身產品品質的問題。二〇一二年底，喬巴尼在距離總部兩千英里的愛達荷州特溫福爾斯（Twin Falls），斥資四億五千萬美元設立最先進的優格工廠。在顧客開始投訴優格起泡、包裝膨脹時，公司宣布大舉將產品下架。雜貨商開始對公司失去耐性，縮減貨架上販售的優格。同時，Danone和優沛蕾等競爭對手積極推銷產品，因此喬巴尼的銷售量下滑，在二〇一三年下半年的營業損失高達一億一千五百萬美元以上，公司積欠七億多美元的債務。於是，烏魯卡亞轉變方針，找來巨型私募股權公司TPG，藉由對方的雄厚資本與業界關係來調整公司的規模。產品下架後的三個月，喬巴尼僱用三位有經驗的人員，包含財務長和供應鏈長，他們各自擁有十八年以上的經驗。烏魯卡亞說：「當初我們的營業額從零增加到十億美元時，就應該替換這些職位的人員三、四次了，但是因為我覺得他們很棒，所以沒有做出改變[22]。」

我們從烏魯卡亞的例子中，退一步看看全局。當事業發展或變得更加複雜，原本帶來成功的人在下一階段裡往往難有良好表現。我們傾向對幫助自己開拓事業的同事展現情義。在公司發展的初期階段，重點通常是任用能身兼多職、表現靈活的人，即使他們沒有特別專精的項目。取得成功和經歷成長後，事業挑戰經常包含在特定職位上有優秀專才，這一點比靈活度更重要，而這些挑戰很快就會讓早期人員應接不暇，但是在企業發展的新階段裡，領導者卻未能盡快改組團隊。成功來得越快，掙扎變得越強烈，他們在理智上知道要替換一起奮鬥的舊夥伴，但是心裡卻非常抗拒。「什麼？要換掉幫助我們走到這一步的人？可是他們都很棒！」古典原則是原有人員在穩定的組織內晉升，這一點卻和彼得原理背道而馳，後者講的是組織變化造成原本的人員即使角色不變，能力也無法配合。

這是每個人都可能在成功時遇到的危機，一開始常常令人難以費解（陷入這些危機的人更會感到不快）。我在研究並分析兩百多家新創公司時，開始注意到這些危機。創辦人暨執行長中，如果曾完成艱困任務，開發出第一批重要性非比尋常的產品，執行長被替換的可能性顯然**較高**。基本上，負責技術或科學的共同創辦人在產品開發完成前是最適合領頭的人，然而一旦產品開發完成，並預備好對顧客銷售後，公司面對的挑戰產生巨變，原本的技術企畫要擴展成一家公司；企畫團隊要和銷售團隊合作；執行長要能建立、領導及整合多種職務。技術或科學創辦人通常對這些職位缺乏經驗，也因此不知道如何面試並挑選新進人員，更別說是管理和整合了。這些需求的性質變化，讓創辦人原本的優勢變成包袱。改變發生後，即使是最聰明的技術或科學創辦人也需要在短期內掌握全新知識，從而讓新創公司的進度趨緩或危及發展。

受到成功蒙蔽，夢想轉為夢魘

談到自我覺察方面，快速取得成功的人常會面臨烏魯卡亞遇到的艱困挑戰：受到成功所蒙蔽，因此看不到成功可能變成挑戰的跡象，還以為自己掌控一切的狀況。烏魯卡亞成為少數在公司快速成長後，還能讓事業繼續鴻圖大展的創辦人。不過，就算我們都能說出一些創辦人的名字，也只因為他們是少數特例[23]。在更多的情況下，成功的創辦人會受到成功的挑戰所蒙蔽，就像烏魯卡亞那樣。

這些成功帶來的危機，也適用生活中的各個層面。我們常常抱持著追求卓越的熱情，不斷攀登新的階梯。達成那個目標時，我們興高采烈，但是對下一階帶來的挑戰往往準備不夠，把我們最喜歡的夢想變成噩夢的開始。

成功帶來的挑戰中，如果性質和以前遇過的不同，就會變得難以應付。在新創公司裡，一開始創造的挑戰被成長的挑戰所取代，一個需要的是領導才能，另一個需要的則是營運才能。在企畫中，完成設計的挑戰讓人忽略更困難的實行挑戰。在家庭生活中，我們很高興度過一個階段，接著又遇到預料外的挫折。舉例來說，某個家庭數年來租屋，希望能買一間自己的房子，因此努力存頭期款。在幾個月看屋後找到中意的，經過協調溝通就簽訂購屋協議，很興奮地打包行李，準備入住新屋。就要搬到夢想住屋了！然而，買房的蜜月期持續不久，他們發現要處理麻煩的草坪，以及容易淹水的地下室。因為沒有修葺好邊牆遭到罰款、屋瓦掉落，以及在倒塌壓垮車輛前先修剪樹木，而且欠缺必需的能力或心力來打理一切，還沒有準備永無止盡地支付稅金、水費、維修費及收垃圾的費用，這時候他們寧可回到過去租屋的單純生活。

成功本身會帶來挑戰，但是他們只一心一意朝著成功邁進，而沒有為此做好準備。不幸地，現在要把房子脫手變得更困難了。在這個決策上按下「還原」鍵的成本變得更高，一方面要清出屋內的物品、支付相關房仲費用與搬家費用。他們確實取得成功，但是毫無益處，而且所處的情況還不如當初成功搬出公寓前的日子。如同接下來將看到的，創辦人在達成里程碑的同時，不是只為了暫時的成就，而是要為後續發展奠定基礎，這一家人和烏魯卡亞能學習這些創辦人的範例。

停一停，想一想

- 你是否曾升任自己追求的職位，但是接下來發現自己應付不來，還沒有預備好轉換到新角色？
- 職場之外，你是否曾遇到所屬團隊晉升最後決賽階段，接著發現你還沒有預備好迎接隨著成就而來的競爭？
- 申請學校時，你是否在錄取夢想的學校後，擔心（或發現）自己還沒準備好拿出超凡表現？
- 以上兩種情況中，有哪些方法能讓你做出更好的預備，讓成功更為長久？

事業成功，人生失敗的窘境

來看看Nike創辦人奈特的故事。一九七〇年代晚期，奈特的公司成為美國最大的運動用品公司，但這時候的經營者還是奈特本人和他的好友。會議變得吵吵鬧鬧，彼此間的不和越演越烈，常常演變為沒有必要的激烈爭辯，混亂情況顯而易見。奈特明白應該把公司交由專業人士負責，但是他難以掌控手下的重要高層。有一次奈特到緬因州出差時，有位高階經理在未經授權的情況下買了一家工廠；行銷總監羅伯・史崔瑟（Rob Strasser）急著跟進，太早把產品上市，導致收到上千筆退貨，也讓Nike品牌受損。史崔瑟和幾位重要經理後來都與妻子離婚，因為他們常常不回家，簡直就是讓妻子穿上「Nike寡婦」的T恤。就連奈特的妻子也曾提出離婚申請，只是後來撤銷了[24]。

我們常常覺得職場生活和個人生活是分開的，工作不順利時，希望至少回到家時，家中的寶貝能張開雙手，跑向我們的懷抱，很興奮地喊道：「媽咪回來了！」實際的情況是，工作一帆風順時，回到家卻可能必須處理揮之不去的家務。要是其中一邊的成功，也能讓另一邊跟著成功就好了！

Nike的成功讓許多妻子守活寡；同樣地，烏魯卡亞在喬巴尼起初獲得成功時，也讓個人問題變得更棘手。他在一九九〇年代晚期創業之初，和愛斯・吉拉伊（Ayse Giray）步入婚姻兩年。二〇一二年，喬巴尼成為數百億美元的企業後，吉拉伊控告烏魯卡亞，和他索討公司五三%的股份，她表示之前提供資金支持喬巴尼公司的前身，並且有手抄文件記錄雙方的協議[25]。這場涉及五億三千萬美元的官司纏訟三年，在法官做出裁決之際，烏魯卡亞同意和解。如果喬巴尼沒有獲得成功，吉拉伊說不定就不會主張擁有所有權。烏魯卡亞功成名就，卻讓他陷入原本不會遇到的艱困挑戰。

在我們最珍視的生活領域裡，希望成功接踵而至，避免失敗接連而來。如同接下來要探討的，創辦人的最佳做法讓我們看見要如何從失敗躍升到成功，避免從成功落入失敗。透過這些方法能讓我們採行有效的最佳措施，並減緩最糟狀況帶來的打擊。

第四章 無論成敗，都能帶來力量

新創公司的失敗率高早已不是祕密，而最優秀的創業者會重視失敗經驗並加以利用，不過很少人聽聞實際上要如何做到這一點，或是真的探索能否學習創業者的最佳做法，並且運用在生活之中。在本章前半部，討論創業者如何盡可能讓失敗變得更有效益；而在後半部，則是檢視有哪些跡象透露成功可能會讓我們栽跟斗。光是用這些方式來思考成敗，就能讓一些人有所轉變。不過，這種特立獨行的做法其實很有道理。我們很快就會看到，如何運用創辦人的最佳做法，找出並避免成敗會帶來的問題。

創造失敗的價值

創業式做法中，能在失敗**後**將負面經驗轉化為有效的學習。創業者並非緊抓失敗並忽略失敗，而是把握失敗帶來的機會。這種方法曾出現在一大優質電視廣告中，歷來頂尖的籃球員麥可・喬丹（Michael Jordan）反思自己的職涯：「在我的籃球職涯中，有九千次以上投籃沒進，輸了近三百場比賽，二十六次在比賽決勝關鍵時投籃失手。我在人生中不斷地失敗，正是因為這樣才能成功[1]。」不過，更好的創業做法是在失敗發生**前**，就已經了解到失敗的價值，因此能先準備安全網（讓我們無論成敗都能不受阻礙地前行），或最棒的是能在失敗中獲得力量。

正視失敗來獲得力量，而非一蹶不振

我們在追求目標的過程中遭遇失敗時，往往會失去達成的動機。然而，優秀的創業者會改寫失敗的意義來加強韌性，會把失敗視為必經之路，而不是個人的慘敗，因而盡可能降低道德批判，以免讓人動彈不得。如同多次創業的安迪・斯帕克斯（Andy Sparks）從創業人生的起落中學到：「人生是一連串專心致志的戰役，我們必須知道，每場戰役都是追求心中理想之戰的一部分。不過，不一定要贏得每場戰役，也能獲得最終的勝利[2]。」

這就是《塔木德》中所說「Gam zu l'tova」（焉知非福）的一種涵義，鼓勵大家用正面態度看待挫折。和這個詞彙相關的經典故事裡，有一位賢者阿齊瓦（Akiva）想在夜幕低垂前抵達城市，但是當黑夜降臨時，他還受困在樹林中。他下了驢子，點燃身上唯一一根蠟燭來照亮四周。但是，蠟燭熄滅了，讓他再度置身黑暗裡。不久後，驢子就遭到野生動物襲擊而死。

儘管阿齊瓦獨自在黑暗中，並且遠離原先的落腳處，但是他每走一步都堅信這其實是福分。隔天，阿齊瓦醒來，走到了目的地，發現這座城市昨夜遭到一群匪徒劫掠，這些人路經他所待的樹林。要是他們看見阿齊瓦的蠟燭，或是聽見驢叫聲，他恐怕已經遭遇不測，如果他在天黑前抵達城市，很有可能也在劫難逃[3]。

因此，在原來的寓意中，「Gam zu l'tova」是在面臨災禍時展現的樂觀信念，不過也可以套用於每個人在創業上的努力，勉勵我們掌握看似負面的事件並加以改善，用以重新思考人生的路，或是反省記取的經驗，改善未來的行動。挫折應該促使我們問道：有沒有什麼辦法能讓看似負面的發展帶來比預期更好的成果？那樣的話，又要怎麼做才能有更大的機會達成目標？

幾年前，學生作業中寫了一句引人深思的話，我把這句話掛在辦公室牆上：「人很容易落入窠臼，尤其是擅長手邊任務的人。」往往當我們轉到自動導航模式做事時，正需要看似負面的事件思考自己是否落入窠臼，因此需要外在的力量拉我們一把，或是燃起動力克服前方的阻礙。

科林・霍奇（Colin Hodge）創辦約會網站，讓人從朋友的朋友中找到適合的對象。在此之前，霍奇就曾出乎意料地遇到這種阻礙。他在臉書裡建立網站應用程式，開始引起使用者和媒體的關注。ＩＤＧ創投（IDG Ventures）中的一名創投投資人向霍奇提出要投資三十萬美元，霍奇說：「他們非常期待我們發展的事業。」在和ＩＤＧ創投討論期間，霍奇與共同創業夥伴在知名的西方偏南競賽（South by Southwest, SXSW）中勝出，獲得更多關注。他們回去時，對企畫與事業發展的時機感到極有自信。然而，後來卻收到創投投資人決定不投資的消息。霍奇說道：「他們說：『我們質疑貴公司在網路上的名氣也能發展到行動裝置上。』……以為要拿到手的卻又被拿走了[4]。」

接下來十年，霍奇發展出一種心態，讓他應對負面發展時能強化動機：「花一點時間來消化訊息，接著回去做事，因為你要證明他們錯了，把這當作刺激的動力！有些人說你的構想不可行、你的公司無法好好發展、你有什麼事會失敗，或是難度和風險太高，我就把這些人說的話當作讓自己前進的動力。」他藉由投資人對他們的質疑來激勵團隊，加速原本的規劃，推出行動裝置版本。在遭到拒絕的一個月內，就推出行動版，並且很快晉升到行動應用程式前十名。霍奇回想道：「說到我的個人目標和發展事業的初衷，每當有人拒絕我們，還說：『這行不通』時，我就會把這種質疑變成對我們的激勵！有時候需要外在因素來加強你的信念，讓你想要證明他們錯了[5]。」

從挫折中記取失敗的教訓

如果創辦人無法從挫折中重新站起來，便無法在創投界走得長久。能在失敗時得到效益的人，往往能夠把路途中遇到的顛簸，轉化為在新創投活動裡繼續順暢前進、產生重大影響的機會。舉例來說，如同第二章提到的，德州執行長諾爾斯在創辦電信服務公司Masergy前的十三年，就先創辦另一家公司。在為GTE工作十年後，他決定運用自己豐富的商業經驗開創一家顧問公司。這家公司幫助小型企業，把處理應付帳款、應收帳款及薪資的紙本流程電子化。在諾爾斯的成長過程中，身邊家族成員裡就有許多小型企業的創辦人，他們開設公司時少有規劃，諾爾斯也一樣，他說：「我的計畫就只有一頁潦草寫下的內容：『我預期能賺這麼多錢，認為需要這麼多的預算。』我只有一、兩個月的存款……。我們只能勉強度日，而沒有安全網。」他一路上接下任何能取得的企畫，包含製作修理牛仔競技表演計時器，以及幫車行更換電子看板燈泡的工作。一整年來，他天天工作，銀行帳戶卻還是掛零，最後結束企業，回到GTE工作[6]。

諾爾斯接下來採取的行動非常關鍵：他並沒有自怨自艾，放棄成為創業者，而是在接下來幾年內，面對自己讓顧問公司陷入困境的弱點。他發現自己雖然很有工作經驗，但是其實不知道要怎麼創辦事業、如何募集資金，或是怎樣利用資金來建立公司。他知道自己要多思考、規劃怎麼管理公司，而不只是像在GTE處理新企畫那樣，就算當時也付出了許多心力。於是，諾爾斯在GTE的期間尋求新工作任務，為創業做準備。舉例來說，他花五年的時間從事產品管理，這正是培訓創業者的最佳基礎。他決定專注處理主力發展的企畫或產品，而不是有什麼就做什麼，同時也為自己和家人準備好創業前的財務應急金。當諾爾斯最後決定再度創業時，已經有了扎實的準備，能創立比先前更卓越的新創公司[7]。

多數人體驗到失敗時，會退縮是很自然的。確實，諾爾斯一開始妥協了。（想想看他在顧問公司倒閉後，回到GTE時，大家對他說：「你看吧！」就像一根根針一樣刺在身上！）然而，身為一名工程師的他把首次的創業經驗當作用來產出數據的實驗，就像先前看到的，籃球員喬丹反思失敗對成功帶來的影響，這也很像是湯瑪斯．愛迪生（Thomas Edison）在發明燈泡時，有數千次的想法都失敗了：「我並沒有失敗，只是找出一萬種行不通的方法[8]。」諾爾斯從經驗中學習，並利用這些啟示讓下一步的做法有所不同，把失敗的幽暗日子轉化成能產生效益的失敗經驗。要怎麼判斷我們的失敗是否有效益？如果在嘗試類似企畫時，能像諾爾斯因為記取教訓而做出重要改變，失敗就是有效益的。

百折不撓面對困境

我們或許能說，擁有世界級投球能力的湯米．約翰（Tommy John）具有創業的思考方式，因為他就是把失敗轉化為力量的典範。約翰是天生的運動員，在家鄉印第安納州是傑出的籃球員，創下城市裡最高的單場得分紀錄。他也是天生的棒球好手，被克里夫蘭印地安人隊（Cleveland Indians）簽下。一九六三年，約翰在剛成年的二十歲，首次站上大聯盟的投手丘。

在大聯盟裡的前十年，約翰是表現中等的投手，勝率只有五二％。不過，他在一九七四年球季時開始為道奇隊（Dodgers）效力，取得十三勝三敗的卓越成績，首次拿下月度最佳球員獎，攀上世界巔峰。接著在一九七四年七月十七日，約翰比賽到一半時受了重傷，在左手手肘的尺骨附屬韌帶（ulnar collateral ligament）受到撕裂傷。他說：「當時一、二壘有人，我要讓打者……擊出滾地球，這樣就能在這一局安全下莊。我正在投球時，感覺灼熱的疼痛……接著心想：『哦，老天啊！我該怎麼辦？』」他想要再投一球，但卻失敗了。他說：「我走到板凳區，拿起外套，告訴教練：『比利，我們去找喬比醫生，我的手不太對勁[9]。』」

法蘭克．喬比（Frank Jobe）是道奇隊的骨科醫生，也是約翰的好友。喬比告訴約翰壞消息：他的棒球生涯結束了，因為手臂撕裂傷導致殘疾，再也不能投球了。他說：「約翰，換成我的話，就會考慮轉行[10]。」喬比為了幫約翰恢復部分手臂功能，提出以前不曾有人實行的手術，要從約翰的右前臂取出一段肌腱接到左手手肘。喬比認為手術成功率只有一%，也向約翰說明其中的風險。

約翰說：「我在高中時是優秀畢業生代表，我知道一%或二%總比機率為零好多了。」一九七四年九月二十五日，喬比動了這項手術。約翰已經評估風險，但是狀況卻變得更糟了，手術讓他變成「爪形手」，活動能力非常有限。他必須再動一場手術修復神經損傷，延長復健時間。

轉瞬間，約翰從原本的無所匹敵變成喪失行為能力，這種重大打擊會摧毀多數人的信心。在這種情形下，就算最有自信的創業者也會經歷殘酷考驗，失去心靈力量，不僅無法恢復到原本的自己和原先的工作，還要面對重大挫折後的不利選擇。

約翰的狀況越來越糟，不久後失去左手的知覺，感到沉重冰冷，所以他把手放在熱水裡刺激血液循環。接下來進行每週例行檢查時，喬比發現約翰的手灼傷了，因為約翰的知覺嚴重受損，因此感覺不到水非常燙！經過肌電圖（EMG）掃描後，影像顯示約翰的神經嚴重受損，因此需要動第三次手術，於是喬比在十二月時再次為他動刀。約翰的妻子莎莉．西蒙斯（Sally Simmons）看見他枯瘦的手非常震驚，並且開始出現恐慌和憂鬱的症狀[11]。

這名天生運動好手發現，簡單的任務變得像重重山巒般難以翻越，用餐時會弄掉叉子，要重新學習怎麼吃東西、梳頭髮，還有怎麼用非慣用手簽名。

要是約翰就此荒廢一切，整天沉浸在看電視、吃著最愛的點心、哀嘆事業在如日中天時驟然結束，也是無可厚非的事。不過，他並沒有這麼做，而是下定決心：「手術結束了，從這一刻開始要靠我自己[12]。」約翰從兩方面獲得激勵：一是他的大女兒塔瑪拉．約翰（Tamara John），這個孩子在他第一次動手術的同一個月出生；另一個則是聖經的故事。例如，約翰記得自己在聖經中聽過的故事：「在創世紀第十八章，逾百歲的亞伯拉罕（Abraham）向年約八旬的妻子撒拉（Sarah）說道，神應許他們擁有一個孩子。想想這種情況有多麼困難，在這種年紀要生**小孩**？真是折磨人的謊言，但是神承諾了，於是亞伯拉罕對妻子說：『神豈有難成的事[13]？』」

約翰安排嚴格的復健時程，無論會不會疼痛，每週除了週日休息外，天天練習。如同為他撰寫傳記的人回憶道：「約翰對自己的要求比以前更嚴苛，不管是跑步、屈腿訓練、運動的時間和強度、抬舉的重量都更甚以往[14]。」狀況過了好幾個月都不見起色，有一天和前隊友碰面時，約翰不經意地聽見有人說道：「我說他也該實際一點……都已經玩完了，怎麼還不面對現實[15]？」

勇往直前，重返巔峰

歷經數個月的辛苦鍛鍊，約翰能夠投球了，但投得不是很好，也絕對沒有能讓他重返大聯盟的精準度和力道。約翰在隊友與大聯盟投手麥克．馬歇爾（Mike Marshall）的幫忙下繼續練習。馬歇爾有肌動學（kinesiology）的博士學位，能夠幫助投手傷勢痊癒。馬歇爾教導約翰用一種完全不同的方式投球，讓他不要轉動小腿，而是直接朝向本壘板投球，藉此降低膝蓋和手臂受傷的機率。約翰也找來道奇隊的按摩師，花費數十個小時按摩肩膀、手臂及手。

隨著約翰的知覺慢慢恢復，投球技術也進步了。約翰請道奇隊派他到指導聯盟（Instructional League），也就是年輕有潛力的小聯盟投手訓練的地方。他在那裡繼續加強投球動作、提升力量。後來，約翰在一九七六年球季時終於重回道奇隊。約翰對父親說：「前半球季都在學習：我必須學習或重新學習許多與打者、投球原理等相關的事，幾乎是從頭來過[16]。」大家覺得約翰當年十勝十敗的成績簡直就是奇蹟。約翰在手術結束歸隊後的第二年，贏得二十場比賽，這對任何先發投手來說都是令人嘆為觀止的表現，甚至比他動手術前還要優秀。那年，他在大聯盟賽揚獎（Cy Young Award）裡被票選為最佳投手第二名。在手術後四年中的三年裡，他又贏得二十場比賽，連續三年都入選明星隊。

約翰一路投球到一九八九年，他在這段期間內獲勝的兩百八十八場中，有一半以上是動手術後才取得的。雖然他在大聯盟前十年時，職涯看似就要結束了，但是在一九八九年時總共參與二十六個賽季，取得大聯盟投手投最多的賽季數。同一年裡，約翰牙醫的兒子馬克．麥奎爾（Mark McGwire）從他手中成功打出兩球時，就決定要退休了，他說：「等你牙醫的小孩打到你的球時，就差不多是時候了[17]。」

目前有上百位或甚至上千位投手接受所謂的湯米．約翰手術，約翰成為克服失敗，變得更強大且更堅韌的典範。

轉禍為福，重新思索前進的動力

約翰抓緊信仰和家庭的動力來源，讓自己在遭遇挫折時能夠站起來，我們也應該至少有一項動力來引導自己。這類來源的其中一種，可以是挫折本身，像是霍奇首度遭到ＩＤＧ創投拒絕後，只讓動機變得更強烈。當想要升職卻被拒絕、沒有錄取理想的公司，或是在比賽中飲恨，屈居第二時，我們不該試著消除失望的心情，反而應該加以利用。事實上，對某些任務和目標來說，比起利用一時的成功，在挫折上施力可能會更有效。

希伯來大學（Hebrew University）心理學者瑪雅．塔米爾（Maya Tamir）和同事的研究顯示，在朝向某個目標前進時，利用負面情緒可能會比正面情緒來得有效。例如，在雙方衝突時，憤怒的人（尤其是覺得不如人而理直氣壯）表現會優於感覺良好的人[18]。沒有被公司錄取、稿件被出版社退回、裁判沒有給自己金牌，因此想要證明對方錯了，而得到動力，就能讓我們得到原本沒有的力量。

轉禍為福是一種最好要先熟習的技巧和習慣，這樣在需要時才能派上用場。與其等到真正失敗，需要重新崛起，倒不如把路途上遇到的阻礙當作學習機會，還有練習約翰和諾爾斯的做法。練習把失敗當作邁向成功的墊腳石，並且就此重新設想前景。對於要採用哪一種觀點，有一個值得思考的譬喻是這樣的：我們把人生路途當作障礙賽或尋寶遊戲？挑戰是難以跨越的阻礙，還是能用來習取新的經驗，因而讓我們有機會達成最終目標？遇到失敗時，是認為自己被**困住**了，還是因為有了這一次的經驗後準備好要**進步**？利用小阻礙來練就復原力，能讓這種能力變得越來越強、運用得更得心應手，在有需要時就能發揮效用。

除了從失敗中學習能讓我們減少失敗的機會外，改變看待失敗的看法也有同樣的作用。賓州大學（University of Pennsylvania）的馬汀．賽利格曼（Marty Seligman）發現，用來預期業務員的最佳預期指標，就是他們如何向自己和他人解釋失敗，因此業務員的核心銷售技巧對創辦人來說很重要，因為他們要說服各式各樣的人和組織來參與投資，但是也經常受到拒絕。其中最厲害的業務員在解釋失敗時，能夠繼續前進，而不會感覺恥辱[19]。被潛在客戶拒絕時，並不會感到無助或覺得：「我真不會做事，無法賣出產品。」而是會找出原因，得到新見解。他們會自問為何顧客沒有點頭，得出「顧客目前不需要這個」的結論，而不會責怪自己、減損動力，以至於無法從中學習。請注意：這和推卸責任不同。最佳業務員會好好承擔失敗的責任，但是從務實的角度出發，避免把問題針對自己、擴及各個層面，或是永久而無法改變[20]。他們不會受制於這些挫折，關鍵是要能採用成長的心態，認為自己會不斷進步，而不是固定不變[21]。如此一來，失敗並不能用來決定你的本質或潛力，而是能讓你持續精進的一步。

一旦從挫折中獲知更多訊息，你就能帶來比以往更多的貢獻，更勝於從來不曾經歷的人。雖然可能要為這些人生歷練，付出不少學習代價，但是你就比那些還沒有「繳學費」的人來得更有經驗。

就算在最痛苦的時機，也要找出能感激的事物

有些事件實在太令人難受，因此我們很難轉換到「焉知非福」的心態。不過，就算如此，還是要想辦法恢復，並且採取更有效益的做法。

舉例來說，雪柔．桑德伯格（Sheryl Sandberg）在二〇〇八年受僱到臉書擔任營運長，而站

上頂尖位置，她從二〇〇七年起每年都登上《財星》雜誌「五十位最有影響力的女企業家」排行榜。她在二〇〇四年和戴夫．戈德伯格（Dave Goldberg）步入甜蜜婚姻，戈德伯格是線上資料私人公司 SurveyMonkey 執行長，兩人育有一子一女。

二〇一五年五月一日，他們在墨西哥渡假時，戈德伯格過世了，據傳他在跑步機上死於心臟病發[22]。

二〇一六年，在加州大學柏克萊分校（University of California, Berkeley）一場畢業典禮致詞中，桑德伯格回憶道，一些像人生導師的人幫助她在痛失丈夫後最灰暗的時期，找出值得感激的事物：「我的朋友亞當．格蘭特（Adam Grant）是一位心理學家，有天他建議我想想萬一事態更糟的情況。這一點完全不同於一般思維，因為照理說，想要恢復的話應該思考正面的事。我說：『你說更糟？你瘋了嗎？事情還有可能更糟嗎？』格蘭特的回應完全切中要點，他說：『要是戈德伯格心臟病發時，正在開車接送小孩，也是很可能發生的事。』哦，他說出這句話時，我頓時很感激其他的家人都還活著，而這份心情沖淡了悲痛[23]。」

桑德伯格繼續每天在生活習慣中注入感激：「復原力的一大關鍵是學會感恩惜福，把值得感謝的事情一一列出來，能讓人感到較為快樂。細數自己的福氣能招來更多的福氣。我今年的新年新希望是，每晚睡前寫下三個喜悅的時刻。這個簡單的做法改變了我的人生，因為不管每天發生什麼事，我在入睡之際都能想著開心的事[24]。」

對太多人來說，感恩節是一年只發生一天的事。要加強復原力，就要不斷培養感恩的習慣，讓人能度過最糟的境遇。不管是每晚花兩分鐘寫下當天感謝的事，或是每週五和家人共進晚餐，大家輪流分享自己珍惜的福分；或如果你是公司創辦人，遇到財務狀況低落時，可以詢問團隊沒有增加資金的好處。鍛鍊自己和身邊人的感謝神經，讓感恩成為習慣，因此在面對損失或失敗時更堅強[25]。

不要死撐不放，越陷越深

談完從挫折中復原所獲得的效益，接下來要說說如何積極地取得效益。在開始之前，務必留意發展接受挫折態度的一項要義：面對挫折時不要太強求。勵志專欄作家安．蘭德斯（Ann Landers）說道：「有些人認為堅持撐住是展現強韌力量的表現，但有時懂得視時機放下才是真正的強大[26]。」創業者常受制於無數的文章、書籍及甘苦談所說的，認為堅持下去一定是好事，但過度堅持卻會帶來傷害。

韋斯特格倫在一九九九年創立線上音樂公司Savage Beast，撐過種種挫敗，包含三百次遭潛在投資者拒絕、被員工提告、共同創辦人提出「拆夥」[27]，因此獲得知名部落客讚譽為「堅毅創業的典範」。接著，又來了一波致命打擊：美國國會決定大幅增加 Savage Beast 支付音樂公司的權利金。他創辦公司後的十年，正是人生中的黃金時期，持續努力這麼久，也只有這家一文不值的公司，或許他需要的就是勵志專欄作家蘭德斯的溫馨建議。

有趣的是，現在名為潘朵拉電台的 Savage Beast 在創立十幾年後上市了。不過，韋斯特格倫在含辛茹苦創業後，只剩下二．四％的股份，其餘超過七五％的股份則是掌握在創投投資人的手中。就連首次公開募股時，狀況都是苦樂參半，但其他像是 Spotify 和蘋果等主要競爭對手也推出幾乎一模一樣的直播服務。

我在課堂上提到韋斯特格倫的案例時，即使知道公司最後成功，對於他拚命不放手的做法是聰明或愚昧，學生的意見分為兩派。十多年的辛苦打拚對他的人際關係和健康都有不良影響（談到他的案例時，首先提到的是韋斯特格倫在清晨四點就起床，因為壓力而感到胸痛）。有位學生問道：「要是韋斯特格倫的公司最後失敗了，我們會不會說他的『堅持』不過只是固執罷了？」

像韋斯特格倫長期面對的情形，要是世界不斷步步進逼，我們能否冷靜客觀地評估這份堅持是否帶來危害？或是為了彌補嚴重損失，我們只會越陷越深，而讓狀況更糟[28]？與其讓自己陷入這種困境，我們應該聽取以下的建議：「非賭不可時，首先要決定好三件事：遊戲規則、牽扯的代價，以及何時停手。」接著，該抽身離開時不能留戀[29]。

妥善預備好「還原」鍵

到目前為止，談論的最佳做法著重於復原。然而，要用有效益的方式來應對失敗，創業者的一項關鍵能力是採用**積極的**方法，判斷哪些決策會難以「按下還原鍵」來走回頭路，並發展較能在失誤後仍可改正的計畫。

舉例來說，創業之初的一項難以還原決定，就是如何分配股權。有一個經典的借鏡是Zipcar共享汽車服務的創辦人，兩位創辦人在公司早期時很快就做出決策，採用「簡單」的五五分帳。根據我對創辦團隊的研究，在多數情況下早期的分配方式不可更改，會在新創公司內一直沿用。其中一位共同創辦人羅蘋・蔡斯（Robin Chase）全力建立公司，在各方面讓企業有更多的進步；另一位共同創辦人則決定繼續待在原本的正職工作崗位，只在空閒時出手處理事務。

蔡斯來到課堂發表演說時，表示當初的平分方式真是「愚蠢的共識」，因為不管是在法律、財務或個人關係方面，事後都很難更動這項早期決定。另一位創辦人能從蔡斯辛勤的工作中分到同樣利益，「讓她多年來咬牙切齒」。同樣地，臉書創辦人祖克伯採用不夠明智的分股方式，因而在個人和法律方面帶來重擊而難以補正，就算求助法律也無濟於事。（如果不是因為股權安排難以修改，就不會拍出《社群網戰》（*The Social Network*）這部電影了！」類似的錯誤還有不理想的婚前協議（或是根本沒有訂定婚前協議），以及公司間共同投資項目的協議，讓一方想退出時後悔莫及。

奧康科技（Ockham Technologies）團隊的股權分配安排得更好、更周全。奧康科技的創意源自肯．伯羅斯（Ken Burows），他是銷售報償業的資深顧問，在一次的機會中創造電腦系統把報償過程自動化，這成為創立奧康科技的構想。但是，兩位創辦人懷疑伯羅斯會辭職加入奧康科技團隊，因為他剛成為父親，並享受現有的穩定全職工作，如果他把分到的股份帶離公司，公司便難以用剩餘的股份尋找好的新替代人選[30]。

伯羅斯是兩位創辦人的朋友，也是讓他們參與奧康科技的人，多虧有他，公司才得以成立。要協調這件事並不容易，創辦人提出質疑，最後討論出三種很不一樣的方案：一是伯羅斯全職加入公司（最理想的狀況）；二是他在夜間和週末參與，同時維持原有的日間工作（預期中的狀況）；三是他因為父親的身分與顧慮原有工作，完全無法參與奧康科技的事業（最糟的狀況）。他們依據每項方案決定股權分配的方式，創造妥善的安排，而不會亂了分寸。最後，伯羅斯決定不辭去工作，奧康科技也做好相應的準備[31]。

前述的蔡斯在類似情形下，因為採用難以改正的決定，因此多年來痛苦不已。相較之下，態度積極的奧康科技創辦人依情形擬定各種不同協議，而能視需求還原狀況，他們從伯羅斯的手中拿回股權，重新交由能夠全心全意、全職投入公司的人選，因此就算伯羅斯決意離開，他們反而更能建立強勁的團隊。

培養越挫越勇的心態

從核心層面來說，奧康科技創立的流程就如同塔雷伯所寫的《反脆弱》（*Antifragile*）一書中提到的，能在失敗後求**進步**，而不被擊潰[32]。最糟的系統是在受震盪後就崩解的脆弱系統；較好的系統是能吸收震盪而維持現狀的強韌系統；而最佳系統則是受到震盪後可以逆勢變強的系統。人體就是這種概念的範例：免疫系統接觸到少量的微生物後變得更健壯；肌肉在受到壓力（或經過運動）後會變得更強健，而不是更虛弱。當然，如果太過頭也不行，就像棒球選手約翰的狀況。

基本上，要能夠達成反脆弱的條件之一，在於錯誤規模小且狀況獨立，讓整個大系統得以留存，並有機會增強。在各種製造系統中，塔雷伯提及航空安全。一起小型又孤立的墜機事件，讓航空業能了解問題所在，並讓系統得以改進、加強，避免未來產生更嚴重的失事災害。此外，「像是航空等優良系統中，設計上要能承受彼此獨立的小錯誤，或是實際上彼此呈現負相關的錯誤，因為現在的錯誤能避免未來再度犯錯[33]。」一個反例是現代銀行系統，要是出現一個錯誤，就會讓其他錯誤**更**可能發生。

上述的例子聽起來可能和你的決策有段距離，但是其實很容易套用。舉例來說，如果你要到新城市工作，在買屋前可以先租屋，或是考慮通勤一段時間；雖然租金像是付諸流水、長程通勤很不方便，但是這樣一來，如果工作不符合心中理想，還有反悔的餘地。另外，不要小看會影響設定還原鍵的阻撓。一方面，人們往往會預想最佳情況，忽略要為最糟情況做準備。例如，美國人中只有三%的人會做好婚前協議，實際上離婚的比例高達二分之一。一般人還常找藉口，表示擬定備案後，會降低達成原先計畫的動力，因此不預想問題，並加以預防。根據實驗研究成果，這確實有降低動力的可能[34]，但是為了避免潛在的失敗，先買保險的重要性遠高於動力會減低的考量。

要克服這些心理阻礙，可以把大決策細分成小決策。奧康科技創辦人隱約感覺到「面臨的風險很大」，因此針對特定風險做分析，並加以評斷優先考量順序，因此決定最佳做法是，盡快為最大風險做準備。同樣地，在開始一項新活動時，要盡早行動讓失敗成為有益的經驗。一開始，設定的期望要適中，這樣較能考量到隱憂。讓自己正視現實，避免太受最佳情況渲染。一步一腳印地前進，把大型決策切割為一連串的小決策，如果出差錯時，要習慣主動反省、學習，並且加以調適。

在這麼做的過程中，你就能積極消除原本可能遭遇的失敗，並且鍛鍊好反脆弱的能耐，在必要時就能派上用場了。不過，如果成功的話又要怎麼辦？

預想成功的挑戰

假設你真的夢想成真，獲得成功，多年來住膩了原本的公寓，決定為擴大的家庭買屋，並且遇到完全符合需求、夢寐以求的房屋。為了可以買到，你出價甚至比探聽的價格稍高（畢竟還在能申請的房貸範圍內），很高興對方也接受了；或是你備取上理想的大學或研究所，能踏入學術的高級殿堂；又或是你被大公司錄取了，取得的職位比現在高出兩階（薪水也是）。「好耶！」你興奮不已，迫不及待要邁向新的人生階段了。畢竟，這就是你一心追求的結果，對吧？

先別急，這時候要暫緩一下。在行動前有幾步要先做，後續可能導致你必須回絕已經取得的機會。

大家都想要成功，但有時達成目標會為我們帶來負面後果，這是始料未及的。許多創業者並沒有為成功做好預備，這一點可能會令人驚訝，畢竟許多創業者對創業抱持很大的信心。如果你真的覺得自己能夠達成目標，事先想好達成後需要怎麼做，不是再自然不過嗎？理論上是這樣沒錯，但是要開闢新道路的負擔很大，可能會讓人沒有心力顧及其他的事。然而，成功理所當然和拚命求生存的狀況非常不同。最傑出的創業者了解要怎麼預想成功的挑戰，並且知道要如何反應，才不會被成功擊垮。

主動了解未來路途上的崎嶇

回想第三章，烏魯卡亞在喬巴尼早期取得成功後，隨之而來的挑戰：生產和品質發生問題、產品慘遭退貨、陷入眾多債務，並且蒙受損失。烏魯卡亞在遇到這些重大問題後便一改作風，他找來大型私募股權公司TPG入股，並透過對方深厚的財力與業界關係調整公司規模。在產品退貨事件發生三週後，喬巴尼僱用三位資深人員[35]。烏魯卡亞重新振作，但是如果他當初仔細觀察未來情勢，這條路就會更加順遂。

還記得諾爾斯嗎？他從最初的失敗中記取教訓，而後從副駕駛座的位置測試經營事業的想法。他在創辦Masergy的前二十年累積未來所需的經驗：在大公司中培養產品管理技巧、創辦顧問公司來獲得一手的體驗機會，以及在兩家新創公司工作後，才創立Masergy，親自見證成長和成功帶來的挑戰。

因此，諾爾斯的電信公司Masergy發展出積極方法，安排員工從兼顧眾多職務過渡到專業化。

他僱用一位直屬的高階人員後，對我說他很明白地預警：「未來某一天，我會聘僱別人擔任你的上級主管。你可以一起爭取職位，但是也可能被外部人士接下工作。」諾爾斯坦承：「這麼說也不一定有用，不過我們想要積極進取的人，而這類人想相信自己能獲得更高的職位，但是通常難以晉升。」然而，經由他主動而多次提醒，能為未來改變做出更好的準備。提出這類聲明，可能讓主管職較難聘請到人，但是諾爾斯很清楚，幾年後就要聘請資深人士管理原先的人員，他要 Masergy 避免受到彼得原理的牽絆。

同樣地，最厲害的創業者會預先擬定未來的企業需求，並在需求來臨**前**就先準備好填平缺口。在高成長或資本密集的公司裡，為了積極管理公司的未來需求，可能要尋求外部資金，多聘用人與支援擴張。畢竟，雖然事業成長讓人興奮，但是最後會發現同時消耗許多現金，或是超出原有的能力，就像烏魯卡亞遇到的狀況。

未能為成功做準備的教訓也適用其他情境，在你出高價買下夢想房屋前，先分析最糟的狀況、是否負擔得起房貸，檢視財務狀況是否允許。要聘僱團隊人員的經理人也可以用這些原則來為成功做準備，除了為隨著時間改變的情況設定預期狀況外，也能根據團隊當前和新階段需求擬定適當的人選。針對現在需要的人才列出檢核要點：這名人員的評估結果如何？在接下來六個月或十二個月後，清單會有哪些改變？這名人員適任嗎？在考慮人選時，經理人可以同時設想好與壞的可能性，來評估聘僱新人的風險。再次呼應第二章提及的，盡可能在「下手前先試用」，因此能先以短期約聘的方式聘僱這些人選。不要像烏魯卡亞那樣，誠如他坦承的，他讓早期聘僱的員工留任太久了，無法跟上事業發展的腳步。不要讓個人情分影響企業的未來，如同烏魯卡亞發現的，就算你有**能力**確實排除，但是彼此之間的牽連仍會嚴重影響你這麼做的**意願**。

掌控好「能力」和「意願」

改變會在兩方面突顯出意外的可能性。第一個是太晚發現自己在新場域中的表現無法像以往一樣好。經過升遷後，你把自己能掌握的舊角色替換成新角色，隨之而來的是更大的職責、新主管或管理不同的職員。轉換到新職位的第一年可能特別辛苦，地位提高後，你可能也要加強領導技巧。要是你轉換行業，可能要在新環境中建立好名聲，才能像在舊環境裡駕輕就熟。

從另一方面來說，就算你很有自信能在新場域裡掌握能力和人脈，而有能力領導，也別忘了考量你是否真的有意願這麼做。如果要在陌生但令人期待的成功新環境中順利探索前行，務必記得最初讓你籌組團隊的原因。例如，你的才能和熱忱是否在於從一無所有中創造新事物，而非精進既有的事物？如果真是這樣，專注在早期階段投注心力，然後在下一階段讓位給擅長精進的人才。你是因為能對組織產生貢獻而想擔任經理，還是受到優渥薪酬所吸引？一份針對一千一百三十位第一線經理人的研究中顯示，半數的人是因為較高薪水而接下職位[36]。然而，相較於三三％為了在公司有更多貢獻的人，以薪水為動力的人對工作失望的可能性高出五七％，因為他們發現增加的薪水不足以補償新增的工時和壓力。

約翰．哈索恩（John Harthorne）是新創育成機構 MassChallenge 執行長，他在建立管理團隊時，考量了兩方面。他會先請潛在員工擔任志工，同時觀察他們的表現如何（「能力」），以及對理想的熱情有多大（「意願」）。他向我解釋，會從志工裡挑選出最佳人選，讓他們成為給薪實習生，再從中選出正職人員。每個階段裡，他都仔細觀察員工能否持續地順利表現，或是在成功晉升後就出現問題，以及在各階段中的「意願」是節節高升或逐步減退。因為有像這樣嚴謹的安排，MassChallenge 得以躋身大型的新創育成機構，光是在波士頓，每年輔導的新創公司就超越一百二十五家。

如果你發現自己在**能力**和**意願**中少了一項，就要把握機會改變，這樣才能決定改變的樣貌與自己在經歷改變後要負責的角色。舉例來說，由身為創辦人的執行長尋找替代自己的接班人，會比由董事會或投資人執行替代，能讓他們待在更好的職位。自行帶來這項變革的創辦人，會有多二〇％的機會留在公司擔任其他職位，而不是突然黯然離開；而由董事會更動人事的情況下，創辦人後來取得較低職位的機率也高出七倍[37]。了解自己的能力和渴望，便更能預先掌握未來發展、形塑未來，而不是任由他人的決策擺布。

不受偏見影響，高估正面與負面感受

在盡可能形塑自己未來的同時，也別忘了注意可能帶來阻礙的偏見。根據心理學家提姆·威爾遜（Tim Wilson）、丹·吉伯特（Dan Gilbert）所說的，我們在設立目標時，會因為「誤持願望」（mis-want）而產生問題。我們常誤算自己得到想要的東西後會有多大的滿足感，以及這種滿足感能持續多久[38]。譬如，一份研究報告顯示，助理教授認為是否通過終身職考核，會明顯影響他們的長期快樂。於是，威爾遜和吉伯特找來職涯發展迅速的教授，並把他們分為兩組進行評估：一組是取得終身職的人，另一組則是沒有取得終身職的人。結果發現，沒有取得終身職的教授，快樂程度並不亞於取得終身職的教授[39]。（「焉知非福」也適用於學術界！）看來我們對負面發展所帶來的不良影響往往預期錯誤。

威爾遜和吉伯特告誡大家，不要太過高估正、負兩極的強烈感受，以及這些感受的持久程度，他們建議避免「焦點效應」（focalism）：「在處理當前聚焦事物」的同時，也別忘了考量其他勢必會發生的事件，並細想這些同時發生的事件會對焦點事件強烈度帶來的減弱效果[40]。令人嚴重困擾的事，能因為其他小確幸而減輕；令人喜出望外的事，也會受到日常的顛簸事件影響。

務必準確衡量自己的渴望，才能做好預備以設立目標。

雖說如此，但是不見得要完全掌握未來全貌才能開始行動，就算不能預先籌劃，也要準備好有效應對事態的新發展。不過，即使我們無法為每件事做好萬全準備，還是能先預想一些可能性，而不至於遭到突襲。為求新發展而行動時，要先從全觀角度了解未來階段可能會面臨的各項挑戰。接著，每走一步時都要更深入了解下一步的狀況，以及預想成功達到下一階段時，如何針對新階段獲得面對挑戰所需的資源。

極力爭取能得到的支持

當分析結果顯示你缺乏某些技巧，而無法繼續領導企畫、委員會或公司時，最立即的反應不該是退出，否則只會錯失你先前投資的心力，甚至錯過你留下來能發揮的影響力。同樣地，當你錄取高門檻的夢想學校時，不要因為感到焦慮而放棄，而是應該找出自己還沒有為哪些挑戰做好預備，接著在這些領域裡探索如何加強支持力量。

首先，確認自己是否有時間、慾望及能力來了解這些新能力要求。如果具備的話，接著向這些方面的專家請教可以採用哪些資源和方法。正式進入夢想學校前，在開學前的暑假期間累積就學基金，事前找出有哪些家教或教學輔助資源可以利用。其次，針對自己無法學到的部分，找找看有哪些已具備這些能力的人願意加入你的行列，可以是從外部參與的夥伴或顧問，也可以是內部的員工或董事會成員。針對弱點強化所需知識，與潛在新投資者、公司或主管（或父母）協調，爭取資金或人力，以投入技巧和資源。在強化支持力量的同時，你讓自己更有機會因應成功帶來的挑戰，並待在能掌控局勢的位置。

在喬巴尼，烏魯卡亞發現需要尋求支援時，就在組織各層級採取行動。他找來TPG投資，運用對方的財力和人脈補足兩大缺失。在主管階層裡，烏魯卡亞找來有數十年經驗的人擔任高階主管，彌補他在供應鏈和新創公司財務管理方面的經驗不足。

你手下的員工也可能遭遇成功帶來的挑戰，如同MassChallenge的哈索恩或Masergy的諾爾斯，你也可以預備好讓組織更能接受隨著成長而來的要求。如果你是高階主管，要發展並評估員工，可以找出影響他們升遷後順利與否的不確定因素，給他們機會證明能因應這些問題，以及在過程中給予他們所需的支持。

例如，百思買（Best Buy）財務長夏倫·麥卡蘭（Sharon McCollam）有一個直屬下屬名為可莉·巴里（Corie Barry），巴里在二〇一二年底受僱，成為內部財務資深副總裁。二〇一三年八月，麥卡蘭在和巴里的會議中，提出可能影響巴里接任財務長職位的特定問題：巴里較缺乏和投資人接洽等方面的能力，以及較無法「在關鍵對談中接受相左的意見」。於是，巴里特別加強這些領域，並且維持原本的優勢，而在麥卡蘭卸任財務長時，她便於二〇一六年六月接任[41]。

不對所有機會照單全收

你獲得夢想學校錄取資格，或是得到升遷的機會，已經了解未來道路可能出現的坑洞，也盡全力在可取得協助的方面爭取支持。不過，還是有些問題隱約浮現。這時候，要多思考是否確定入學或接受升職，升遷機會很吸引人，但是也會阻撓成功。例如，人力資源顧問公司宏智國際（Development Dimensions International）觀察到，有些人雖然對領導員工沒興趣，但還是勉強接受升職成為主管（通常是為了領較高的薪水），他們最後較有可能離職[42]。企業經理中有三分之一的人後悔晉升，因為對新職位未能做好準備，或是不知道如何在其中好好表現[43]。取得新職位後，可能無法繼續做工作中最讓你滿意的部分、需要長時間工作，或是會在工作表現的要求上帶來沉重壓力。

在學術界中，升等後反而阻礙個人與組織成功的例子屢見不鮮。通常多產的學術人員獲得升等，成為系主任，接著因為領導經驗不足又缺乏興趣，因此在領導方面瀆職，也拖垮研究進度。

所以，面對升等機會時，要對自我狀況更有意識地進行評估。如果這些機會可能產生問題，或是讓人無法採取最佳實行做法，不要排斥拒絕的選項。

我在一九九〇年代成立系統整合計畫並擔任領導者時，在企畫中持續帶來最大貢獻的是一名年長十五歲的女性，她已有資格和機會獲得經理職位。但是，她很早就決定繼續擔任個別的貢獻者，因為這比較符合她的喜好與才能。比起管理企畫團隊，並因此承受較大壓力又要出差，她比較想要在個人方面有出色的表現。而且她剛剛生下一對雙胞胎，在孩子年紀還小時晉升主管，會帶來過多的工作負荷，所以她每次都婉拒升遷機會。她很了解自我狀況，並且抗拒能將她送上主管職的誘人升遷機會，這一點讓我很佩服。

轉換對成敗抱持的想法

如同所見，我們的情緒會引導決策方向，有時常常會導向我們不樂見的道路。所以，發現自己受到情緒左右時，務必多加留心！注意自己依直覺行事的跡象。太輕易做出這個決定了嗎？感覺太輕鬆？你是不是用消極態度向恐懼或慾望低頭了？

創業者的一大精神，在於翻轉我們的思考方式。一般人的直覺是一心追求成功而逃避失敗，但是最聰明的創業者會改造失敗，並且花時間思考如何管理成功的挑戰。要做到這一點，就必須有更高的**自我覺察**功夫來了解自己的能力和習慣，並且明瞭自己能做出哪些改變與控制。另外，也要用謙遜的態度來改善弱點，同時找出何時要調整目標或尋求更多的協助，還要有**社會覺察**功夫，了解人際間的關係態勢，以及與自身相關的利益和動機。

要掌握這一點就必須採用相應的做法，且必須針對特定情況實行。舉例來說，如果每項決定都要保留能更改的後路會太耗費成本，因此該考量的是倘若不能還原，哪些決策最帶來最嚴重的後果？哪些最有可能導致這種負面結果？對於嚴重程度高與發生機率特別大的決策，要投入時間和心思來考慮如何設計還原鍵。同樣地，如果要為成功的各項負面效果準備會很耗費時間，還會降低追求成功的動機。因此，把這些壞處排除考量的優先順序，並且針對前幾順位的問題展開行動。一旦對處理這些問題有信心後，就會讓自己更燃起鬥志。

下一階段的創業思考模式裡，在人生中做出重要改變時，會在新方面繼續採用先前引導我們的方法或藍圖。但是，對新、舊領域的差異不甚了解，會讓我們把過去成功所用的方法，誤以為也是現在需要的方法。在極端狀況裡，過去的優勢可能會成為弱點。轉換到新領域時，我們可能不知不覺做出一些關鍵假設，或是出現一些看似無害的自然傾向，而在新狀況中帶來危害。這些傾向包含渴望物以類聚；讓親朋好友參與，卻對艱難事項閉口不提；以及受到非平等不可的束縛。接著，我們要學習如何採用創業者的最佳做法，找出自己決定改變後，會產生哪些可能造成問題的根深柢固假設。

第二篇

管理各種可能的改變

即使順利進入全新挑戰，無論是成立新創、轉換新職務或迎接新生命到來，都有許多隨之而來的陷阱需要閃避——包括趨同性（我們只待在與自己相似或親近的人身邊，卻不見得有利自己的發展），或平均迷思（夫妻間的家務分工，或是新創公司的股權分配等），這些都可能扼殺了改變帶來的價值。

在卡洛琳、阿吉爾、諾爾斯等人的例子中，我們觀察他們如何陷入危機並創造轉機，因此找出在人生各方面採用創業者策略的效益。如何降低個人資金消耗率、下手前先試用等各項策略，其實都不離一個道理：有時候我們要停下腳步，放棄追尋熟悉的慣例，並冒險進入令人不安的新領域。

本書第二篇講述的是你在這方面的旅程——在做出具體決策後投入未知領域。從較寬廣的角度來說，這個主題多次出現在我和高階主管及學生的討論裡，因為他們之中有許多人遇到人生轉捩點，考量要往更自在或不熟悉的方向前進時面臨重大抉擇。是否該仰賴自己的直覺，還是針對陌生而一反常態的做法採取行動？應該做出符合他人預期的選擇，還是嘗試不同的事物？

我很能理解他們的感受，不只是因為我曾多次經歷人生轉捩點，也因為我和其他人一樣重視傳統習慣和慣例。要走出有別於一般已設定的思維模式並非易事。不過，如同在後續章節會看到的，如果為了進行決策，而讓你盡可能用理性方式衡量選項，迫使你以長期來思考，並且面對恐懼，如此一來，較有可能步上正軌。

如同本篇內各章會說明的，我們可以學習創辦人如何更自在地考量拒絕，或至少客觀評估老生常談的看法。這麼做的同時，就能對不熟悉的事物感到自在，並熟悉常令人不自在的事物。

第二篇中也進一步探討早期選擇的想法造成的巨大影響。無論是工作、創造性的企畫或婚姻，新活動早期階段做出的選擇，在成長期要承受後果。我們會更仔細討論，一旦對新夢想進行投資後，如何確保各式各樣的夢想有機會成長茁壯。

第五章

心智藍圖如何框住了你的腳步？

人類是以生存為目的，而演進出來的物種。在有異常和意外狀況發生時，我們自然而然會有所察覺。在遠古時期，這就是獵物避免被捕食而具有的行動本能。如今這種本能被運用來察覺困頓市場中出現的新投資企畫，或是受歡迎的產品大幅降價。我們通常不在意這種設計，而忽略了平常事物。如果對一件事夠熟悉，我們會把這件事視為理所當然。你開車上班時，是否也不會注意路途上的細節？我們會自動關閉主動思考、把行為變成慣例，或是直接根據經驗法則行動，因為這樣可以減少認知資源耗費。如此一來，像是引擎發出聲音或路口滾出一顆球等重要事件發生時，我們就會留意到。

不過，有時候節省認知資源會帶來麻煩。當情況複雜時，例行的反應便會失靈。在進行職涯和人際關係上的選擇時，我們不該認為可以採用理所當然的思考習慣，不能採用像是騎腳踏車那樣的習慣做法，面對人生中的重大決定。

你可能會被心智藍圖誤導

德斯坦・桑德林（Destin Sandlin）是工程師兼 YouTube 網紅，長期以來騎著單車。他在二〇一五年收到焊工友人的禮物，是一輛改良式腳踏車：轉左邊握把時，車會向右轉；轉右邊握把時，車則會向左轉。桑德林馬上就騎著這輛車，心想：騎反向腳踏車有什麼困難的，連安全帽都不用戴吧！

結果桑德林騎不到五英里就摔車了，他三番兩次嘗試都騎不遠，越來越氣餒。他從未想過自己騎乘的直覺中，其實隱藏著特定假設，以他身為工程師的觀點來看，也就是「騎乘腳踏車的演算法深植腦海」，就算已經知道新腳踏車原理和原來演算法間的差異，他還是很難更改。每當想要轉向時，就會因為不小心轉錯邊而摔車，他說：「我的思考方式開始僵化了[1]。」

連續八個月，桑德林每天練習騎車五分鐘，他在「好幾次人仰車翻」後，終於能夠順利騎乘了。就算做到這一點，他還是很難抗拒固定的演算法，表示：「感覺像是我的頭腦裡有一條特定路徑，如果專注度不夠，就會偏離這條路線，自動跳回原本熟悉的路徑，像是口袋裡電話響起這類引人分心的小事，都會讓大腦跳回舊有的控制演算法，讓我摔車。」桑德林把這輛腳踏車借給觀眾，騎乘十英尺的人能獲得兩百美元獎金，有很多人紛紛挑戰，卻全都失敗了[2]。

桑德林的腦中演算法有另一種說法，就是**心智藍圖**（mental blueprint）。大家都會有些既定假設和心智模型，用來讓自己做出決定，並進而採取行動，這些假設與模型常常是內隱而無意識產生的[3]。當情境穩定且我們充分了解狀況時，藍圖就能成為有效的捷徑，但是在人生或職涯中做出改變時，我們往往忽視藍圖不適用的情況，就算發現其中的落差，也很難打破原先的思考模式。桑德林觀察自己的經驗，感嘆道：「一旦頭腦的思考方式僵化，即使努力也很難有所改變[4]。」

第二人生也可能慘澹收場

商界中，無論是新創公司或高階主管都會遇到這個問題，而通常無能為力。在新創公司方面，以柯特・席林（Curt Schilling）為例，他曾在世界大賽（World Series）中三度以投手身分奪冠而聞名，後來從職棒界退役，轉行創立公司[5]。在高階主管方面，會檢視奇異（General Electric, GE）和3M的吉姆・麥克奈尼（Jim McNerney）。

二〇〇四年，席林為波士頓紅襪隊（Boston Red Sox）出賽時，在棒球界一炮而紅。當時席林對上紅襪隊的死敵紐約洋基隊（New York Yankees），兩隊在七戰四勝制的聯盟冠軍系列賽中，一同角逐世界大賽資格。來到零勝三敗時，紅襪隊陷入從來沒有隊伍能夠反敗為勝的苦戰，接著奪得兩勝，席林要在第六場出賽，由於他的腳踝肌腱斷裂，卻仍一心出賽，讓醫生用實驗性方式縫合肌腱。比賽之初，攝影機拍攝到他的腳因為肌腱傷口裂開，鮮血染紅襪子，但是他繼續堅持，讓對手只從手中拿下一分。當天紅襪隊獲勝，後來繼續贏得聯盟總冠軍和世界大賽。席林的堅毅成為棒球界傳奇，也讓他成為救援投手。

許多球迷不知道，席林也是一個線上遊戲迷。他在十四歲時拿到第一台電腦（蘋果二代），於是深深沉迷。不出幾年，席林在練球以外的時間，幾乎都在寫程式和參與角色扮演遊戲，就算成為職業投手，對電腦的熱情還是不減。席林提到早期投手職涯時，說道：「當時ESPN變得越來越知名，如果你出外放鬆娛樂，就算什麼事都沒做，也會成為節目焦點。我不想在出外比賽期間因為休閒活動而危及婚姻，所以用電腦來放鬆和充電。我出外時，都會把十五磅重的電腦帶在身邊[6]。」在席林的棒球職涯不斷發展時，對遊戲的熱忱也與日俱增。

席林在為棒球生涯結束後的人生做打算時，決定追求自己一生的熱忱。他知道要成為創辦人並不容易，卻沒有因此退縮，他說：「我必須在九天內打敗洋基隊三次，而我從未抱持懷疑。我在人生中所做的事，就是去做大家不相信能夠達成的事[7]。」這個人即使知道成功率不高，還是在多數情況下獲勝了。此外，席林在棒球界的發展也帶來好處，讓他能找到像薩爾瓦托（R. A. Salvatore）這種世界知名作家一起合作。不過，他在決定發展事業時也遭遇困境。

如同席林所說的，棒球界裡「選手打比賽，所有者持有組織」，選手並不會取得所有權或事業盈餘。他的公司三十八工作室（38 Studio，以他的背號命名）採用同樣模式，並取得完全所有權。席林中意的執行長以離開公司作為威脅，他才願意改變藍圖，並釋出一小部分股權給對方，後來也把股權分給其他高階主管。席林很習慣在一群先發投手裡練習，每位投手的職責都一模一樣，在開場時盡可能負責投球，不讓跑者上壘、跑壘。因此，在席林公司早期的管理團隊中，每個人的角色都相當類似，造成團隊氣氛緊張。一開始，席林還建議大家連續工作十四天才放假，就像一般棒球選手的練球模式，員工要求他調整這些期望，並且在工作時穿插休息時間，來符合他們的藍圖。

在三十八工作室裡，這些落差一開始只是小事，但是隨著公司擴大，這些不切實際的問題和造成的麻煩也逐漸增多，以至於最後成為致命傷。這家公司唯一發行的遊戲獲得好評，但是銷售成績不夠亮眼，因此無法維持。二〇一二年，三十八工作室宣告倒閉。

過去的成功不代表未來能長久

或許不難理解，席林的藍圖讓他無法從職棒選手跨界到娛樂新創公司。（用斯瑪特的術語來講，他一次改變太多要素。）但是，即使在同一個產業換工作，藍圖間的落差也可能讓問題浮現。例如，明星股權分析師轉行到新投資銀行，也可能在長達五年內，工作績效大幅下滑[8]。對改變更多的人來說，藍圖差異可能高達好幾倍。在同產業換工作的人中有二三％疏忽這一點，而轉換到完全不同產業的人裡也有二九％的人忽略這個問題[9]。

可以參考麥克奈尼的例子，二〇〇一年，他在五十多歲時成為3M執行長。在此之前，麥克奈尼在奇異工作三十年，於傳奇執行長傑克．威爾許（Jack Welch）的指導下做事。威爾許以每年開除一〇％的經理聞名。麥克奈尼在奇異是威爾許的預定接班人，但是後來這個職位仍交棒給傑夫．伊梅特（Jeff Immelt）。不過，就算麥克奈尼在奇異位居次位，仍然可以帶動股市走向。投資人對麥克奈尼領導3M很有信心，因此在他接任3M執行長的消息傳出當天，公司股價大漲二〇％。

麥克奈尼知道自己要維持3M的世界級創新水準，畢竟這家公司發明噴塗漆膠用遮蔽膠帶、新雪麗（Thinsulate）保溫材料與便利貼。麥克奈尼表示：「要是我有損公司的創新精神，就真的搞砸一切了[10]。」然而，那正是他後來的作為。麥克奈尼把奇異受人讚譽的六標準差（Six Sigma）管理技巧帶入3M，這項技巧是用來審視製程、減少耗費及降低瑕疵率。他精簡3M的運作，並裁撤八千名員工。這些都是在威爾許的領導手腕下為奇異帶來成功的做法，深植於麥克奈尼的藍圖之中，但是這些流程和規則限制3M實驗室的研究人員。雖然麥克奈尼清楚知道不能損害3M的創新動力，但還是無法改變自己受制於奇異的藍圖。最後，麥克奈尼離開公司到波音（Boeing）任職，而他在3M的限制被視為失敗，其餘的事業表現則是長久而順利。

一位明星領導者怎麼會慘遭滑鐵盧？麥克奈尼遇到的狀況也可能發生在任何人身上。麥克奈尼在大眾面前得到教訓，了解到雖然過去的藍圖曾經發揮效果，但是如果套用到新領域可能會導致失敗，因為那會讓我們無法根據新情境做出適當的反應。這種藍圖可能影響我們的習慣或是問題解決技巧，並且涉及各種狀況，包含換工作後改變通勤方式，因此要轉換時程安排；或是在家中多一個小嬰兒後，要改變生活節奏，找到時間好好沖澡等。

無論是哪一種情境，切記：要重新設想藍圖並不是一勞永逸的事。如桑德林所觀察的，就算熟練騎著反向腳踏車，還是要不斷對抗心中既有的模型，這個過程需要長時間且很困難。

類似的情況也發生在到外國旅遊或居住的人身上，他們在論壇上提及，開車時要轉換到「對向」的道路上。其中一位駕駛觀察到：「這麼做需要提高專注力，我過了一個月後才能一邊開車，一邊講話，好幾個月後才能同時播放廣播來聽[11]。」一位旅行者的配偶舉出一個具體例子，說明轉換到「自動導航」模式的危險：「有一次我們從車道倒車出來，我丈夫主動看著在我們國家會看的方向……差點就撞到對向的車，真的好險[12]！」

習以為常所招致的危險

藍圖影響的不只是開車（或騎車），或是我們採取的行動。從更深層來看，藍圖也形塑著我們的價值觀和重視的事。數年前，妮可在金融業工作時，發現自己在專業上得到的快樂源於為超越自我的信念工作。在眾多成就中，能幫助到他人的工作讓她最覺得光榮。這種傾向在最單純的情景中實踐，某天她告訴我，有一次在為她追蹤的團隊成員打氣，開車回家時，「搖下車窗、音樂聲開大，感覺非常快樂。」

不過，每一次在做職涯決定時，妮可總是會受到能提供高薪的產業吸引。她說：「學校網頁有一個求職布告欄，上面列出世界各地的工作職缺。我十之八九都會關注那些在求學前待過的高薪產業，但是我在之前的工作經驗裡感到很痛苦，偶爾看到不同選項時，這些較低薪的工作會讓我忍不住關閉網頁。」

妮可認為自己不是向錢看，她和丈夫滿意地住在小公寓裡，駕駛六年的舊馬自達（Mazda）

汽車。妮可的丈夫已有不錯的薪水，並且告訴她可以選擇符合自己使命感的生活。不過，薪酬問題還是會讓妮可卻步，她擔心有一天家裡會需要錢，而在她真正喜歡的組織裡工作會賺不夠。妮可覺得自己被困在高薪的知名投資公司，每天工作十五小時，週末常常也要加班。

妮可在有一晚夜歸時，想道：「難道我下半輩子都打算這麼過嗎？做著我不在乎的事，並且錯過自己重視的事物？」她理性上知道薪水不該是選擇職業的因素，但是在心裡，也就是藍圖所在的地方，她擔心錢會在某天成為問題。

這種心態是從何而來的？妮可直到最近才發現這種心態的根源。在她的成長過程，母親是家中唯一的經濟支柱，她現在做的就是重演母親的角色，因此排斥那些無法讓她以一人薪水扶養家庭的選項。如同她所發現的，我們藍圖的背後根源往往來自於過去。有很多人像妮可一樣，根深柢固的藍圖源於過去的家庭經驗，讓她無法自行決定心中採用的模型。這些無意識強烈地影響我們的藍圖，可能會帶來慘烈的結果，讓人感到懊悔。

這些因素也會影響對另一半的選擇。心理學家哈維爾．漢瑞克斯（Harville Hendrix）表示，我們的擇偶條件常常反映出扶養自己的人所擁有的重要特質，通常就是父母[13]。他有一位客戶——約翰和兩名女性交往：溫柔、善良的帕翠西亞，以及經常帶著批判眼光，難以提供情感支持的謝莉爾。雖然帕翠西亞近乎完美，但是約翰卻為謝莉爾著迷，尤其是在謝莉爾說需要多一點時間和別人約會後，他的這種感覺就越來越強烈了。約翰的母親也同樣有距離感，又容易挑剔別人，在被他惹得不高興後，常常好幾個小時不和他說話，而且這種壞心情常常發生。約翰小時候，有一次在和母親相處得不愉快後，就哭著跑回房間，約翰看著鏡子裡的自己一直流淚，表示那時候他發現：「哭有什麼用？根本沒有人會在意。」於是，約翰擦乾眼淚，再也不哭了。漢瑞克斯解釋，謝莉爾的冷酷態度，引發約翰心裡單向渴求親近的感受。小時候約翰與母親相處的狀況，轉移到成人後的關係。這種情感上的渴求，雖然產生許多負面情緒，但是強烈程度超越他和帕翠西亞較單純而平淡的情感，在偏向謝莉爾的情況中，約翰便是回歸到早期產生的藍圖。

停一停，想一想

- 回想過去你在職場或家庭裡做過的重要決定，也就是轉換到新情境時的決定。新、舊兩個情境中有什麼令人意外的重大差別？是否因為你並未為這些差異做好準備，因此出現一些沒有預料的負面問題？
- 你其實有機會積極辨識出這些落差。回想看看，你當初怎麼做就可以找出這些差異？未來你是否能運用這些策略來因應？

- 你是否曾注意到自己應該做的改變，但卻無法真正行動？

如同丹尼爾・康納曼（Daniel Kahneman）在《快思慢想》（*Think Fast and Slow*）一書中的解釋，人類的大腦會自然而然地追求安逸感[14]。面臨困難問題時，我們會想要轉而尋找另一種更簡單的問題加以解決。從細瑣的事情來說，像是要買哪一種影印機，能快速做決定的好處會優先於辛苦分析帶來的助益。但是，在重要事項上這麼做卻會帶來更多的風險。我們容易認為自己已經克服過類似的狀況，但是其實新問題需要採取不同的方式，所以要更謹慎地思考藍圖中哪些部分不適用，或甚至是弊大於利。

要抵抗心智藍圖會讓人不安，尤其是我們發現這些藍圖已經深植心中，並且有些從小就開始運作。不過，如同之後會討論到的，**令人不安**不等於**不可能做到**。天生的狀況和個人經歷不能決定命運，只要我們願意找出習慣並加以面對，這些習慣可以改變；也就是說，我們要在最不可能出現的情境中，主動找出限制自我的行為模式，就像與類似自己的人往來。

在我們騎上一輛新腳踏車、進入一段新感情，或是開始新的工作時，常常為了穩定性，而與覺得可親近的人來往。我們藉由和自己有類似特質的人來往，試圖減低做出重大改變的不確定性。不幸地，這些相似性更可能增加我們想要避免的風險，而不是減少。

趨同性的危險

想想十位和你最親近的朋友。從人口統計學的觀點來看（思考：種族、性別、宗教、社經地位及文化背景），你們有多相近？如果你和多數人一樣，朋友和你的相似處可能多於相異處，這是因為物以類聚，在學術上稱為**趨同性**（homophily），也就是說相近的人較容易聚集在一起。種族與族裔的趨同性最容易造成生活中的社會多樣性受阻，接著是年紀、宗教、教育、職業及性別[15]。這一點不僅讓社會關係中很難產生多元表現，也讓多樣性難以維持。相較於背景類似的人之間的關聯，非相似個人之間的關聯更容易斷絕[16]。

從最基礎的層面來看，地理位置相鄰容易讓人聚集在一起。曼哈頓迪克曼住商企畫（Dyckman Housing Projects）發現，公寓住戶中，有八八%的人和最要好的朋友住在同一棟大樓，還有幾乎一半的人和最要好的朋友住在同一層樓[17]。種族與年齡也是明顯的友誼指標：受訪者中，他們的朋友有六〇%和自己落在同一年齡層，七二%和自己是同一種族；而和不同年齡、種族的人成為朋友的人中，幾乎都住在鄰近區域。

趨同性也對政治互動產生很大的影響。一九七二年的美國總統大選，理查・尼克森（Richard Nixon）以壓倒性的勝利擊敗喬治・麥戈文（George McGovern），在五十州中贏得四十九州的選票，也取得六〇%以上的普選票。《紐約客》（*New Yorker*）雜誌的寶琳・凱爾（Pauline Kael）在一次知名的評論中說道：「我住的世界比較特別，只認識一個投給尼克森的人。我不清楚其他投票給他的人在哪裡，他們和我的認知範圍很遙遠，但是我在劇院中可以感覺到他們存在[18]。」（也有人把這句話的意思直接說成：「尼克森怎麼可能會贏？我認識的人都沒有投給他！」）

受制於物以類聚的人不是只有凱爾，二〇一六年，三十九所大學聯合進行研究，觀察大選中六萬四千六百名美國選民代表樣本[19]。結果發現，投給希拉蕊・柯林頓（Hillary Clinton）的選民中，約六三%只和投給希拉蕊的人往來，另有一二%的人只和投希拉蕊或並未表態的人往來；同樣地，投給唐納・川普（Donald Trump）的選民中，約六九%的人只和投給川普的人往來，另有八%的人只和投給川普或並未表態的人往來。簡言之，這份研究的兩位學者表示：「七五%的希拉蕊選民在自己立即相關的生活圈中，不認識任何投給川普的人，投給川普的人狀況也是一樣[20]。」有時候我們甚至盡可能和政治意見與自己不同的人不相往來。例如，二〇一四年皮尤研究中心（Pew Research Center）的一份研究發現，臉書使用者中，三一%保守黨忠誠支持者與四四%自由黨忠誠支持者曾因為政治立場不同，而取消追蹤或刪除好友[21]。

一般認為不至於受到趨同性影響的某些情境中，其實也有明顯趨同性的狀況。提到戀愛關係，我們常常認為所謂的異性相吸。但是，近期研究調查二十三萬一千七百零七人，發現戀愛和朋友關係裡有著強烈的個性趨同性[22]。根據同質婚姻的研究結果顯示，擇偶對象常在社會與人口統計學方面有相互契合的現象，舉凡教育、種族、宗教、職業及家庭社經背景。研究人員黛布拉・布萊克威爾（Debra Blackwell）和丹尼爾・利希特爾（Daniel Lichter）分析美國年齡介在十五歲到四十四歲，共一萬零八百四十七名女性，結果發現交往中、同居、結婚的伴侶通常與教育、種族、宗教相同的另一半在一起。學歷在高中以下的人嫁給同樣教育程度的人的比例高於嫁給比他們教育程度高的人五十二倍；天主教教徒和同教教徒結婚的比例是與不同教徒結婚的六倍，而非基督教教徒和非基督教教徒結婚的比例，則是與基督教教徒結婚的**六十五倍**（不含表示無宗教信仰的人）。種族上的同質婚姻現象極為明顯，非裔美國人與非裔美國人結婚的比例是和其他種族結婚的一百一十倍、高加索白人與高加索白人結婚的比例也是和其他種族結婚比例的五倍[23]。

突破物以類聚的趨同性迷思

商業上，我們往往認為績效影響決定。尤其是大家公認，如果公司能打造多元化團隊即可應付不同任務，因此會有更好的績效。的確，美國社會學家霍華德．奧德里奇（Howard Aldrich）與同事研究小型企業，預期在創業環境裡看到職責多樣性，其中團隊裡有負責「建立」的人創造產品，另有負責「銷售」的人將產品送到顧客手中。不過，他們發現趨同性狀況很普遍，也就是公司裡有「建立」或「銷售」其中一類的人才，但是並未兼具兩者。他們也發現，性別一致性比預期高出五倍，種族一致性甚至是預期的四十六倍[24]，只有特別注意趨同性問題的創業者能夠避免這種傾向。

要是團隊裡充滿相似的人，就會造成潛在風險。除了在技巧和知識上缺乏多樣性外，性質相近的同事也可能在應當不同意時表示贊同。假設你是產品設計師，和另一位產品設計師組成團隊，對方興奮地說：「請你來看看我理想的作品！」你沒有告訴他，這項產品無法賣給顧客，而是表示認同，但其實要是銷售人員就絕對不會讓他過關；或者你是兩人銷售團隊中的一員，沒有像技術人員那樣指出隊友的理想產品在技術上不可行，而是強化對方的構想。另外，更不用說同質團隊在社交與商業上的往來對象有限，因此限縮能夠取得的資訊，如同你在法律事務所負責招募員工的職位工作多年，卻更想在人力資源部門有所貢獻。我有一位企管碩士學生也是如此，她想詢問導師的意見，但是如果她和導師在背景和未來前景方面太過相似，共同的觀點就會太狹隘，因此無法找出能帶來成功行動的因素；或是假設你正在為公司部門聘僱新人或尋找企業夥伴，如果接觸的都是自己圈子裡的人，能夠找尋的對象便很有限。

維韋克．庫拉（Vivek Khuller）是電子票券新創公司 Smartix 的創辦人，他是印度裔工程師，後來就讀商學院。雖然他對票務產業或場館欠缺經驗，但是他說某次自己有機會用電子票券替代紙本票券。剛開始，他考慮各式各樣背景的共同創辦人，包含擁有私人募股經驗，能為新創公司募款的人；以及家裡擁有一座知名運動場館，對該產業很熟悉的人。但他最想要的是，一位曾擔任工程師的印度人，即使對方很聰明，完全不了解票券與場館的事。庫拉放棄其他的人選，而是看中和自己性質相近的人才。

如此一來，他們的優勢相互重疊，而弱點更放大，這是趨同性常有的弊病。團隊中工程師思維過盛，而對場館營運、場館營運者的採購決策一無所知。一年後，公司倒閉，由 StubHub 接手，最後以三億一千萬美元賣給 eBay。創辦人的朋友把 StubHub 的販售新聞稿寄給他，附加一句：「機會變成別人的。」（有這種朋友，誰還需要敵人？）

讓人不自覺受到影響的隱憂

我在班上講到庫拉的決策時，學生很快便了解到同質團隊中出現縫隙，但是也有許多人認為自己可以避免落入同樣的處境，他們是對的嗎？

我在不事先告訴學生的情況下，測試他們多容易受到趨同性影響。我請學生分成小組進行每堂課的準備。學期初，我把學生依照奧德里奇預期會看到的情況分組：一名工學院學生、一名商學院學生，以及另一名其他背景的學生。接著，重新分組時，我請他們自行決定。在學生評判庫拉的趨同性問題後，我拿出一張投影片，比較原先的分組和他們自己組成的小組，兩者之間的差異很大，自行組成的小組中全是工程師或全是商科學生，反映出趨同性。

學生發現自己當下（及未來）多麼容易受到牽引，而陷入趨同狀況，於是班上發出尷尬的笑聲。他們思考自己分組的經驗後，了解到趨向同質性會讓他們錯過重要面向，減損團隊的成效，工程師小組經常忽略市場對開發產品的觀點，商科小組則是會低估開發產品實務上的挑戰。

趨同性的另一項風險是，經常預設已有共識，在想法上認定：「我們對基本事項有同樣的看法，因此不用正式簽約。」照片分享應用程式 Snapchat 的共同創辦人就極為相似，他們是大學兄弟會的好兄弟，也擁有同樣的優勢，因此只憑藉著含糊的口頭承諾達成「創辦人協議」。由於是好友，所以認為不需要簽署法律文件，但不久後兩人的同質性就讓問題浮現了。他們的技巧相互重疊，執行長伊凡．史匹格（Evan Spiegel）覺得自己就能從事行銷工作，並認為行銷長瑞吉．布朗（Reggie Brown）並未增加貢獻。後來，史匹格開除布朗，讓對方無法參與公司事務。布朗認為股權應該平均分配，但是史匹格不把他的創業股份當作一回事[25]。

這重創兩人之間的關係。布朗的律師祿恩．詹（Luan Tran）說道：「別忘了他們是好兄弟……好朋友，Snapchat在創立之初，兩人從未想過要坐下來走正式程序[26]。」雖然布朗被開除，但是他繼續關注Snapchat的後續發展，在聽聞公司被臉書以三十億美元收購時，他立刻控告公司，要求拿回屬於自己的股份。最後，公司不得不宣布以一億五千七百五十萬美元和解，但卻故意不將他列為共同創辦人[27]。

尋找互補的夥伴，形成團隊多樣性

有時候趨同性不僅讓人忽略要立下白紙黑字的契約，也在其他方面影響決策過程。經濟學家保羅．岡帕斯（Paul Gompers）與同事觀察三千五百一十位創業投資人，這些人在一九七五年到二〇〇三年間總共投資一萬一千八百九十五家投資組合公司，特別鎖定多位投資人共同融資的**聯合投資案**，並且分析這些人在「能力相關」特質上有多麼接近，如都有頂尖大學學歷；以及「親近度相關」特質，如來自同樣族裔。他們發現這些人在親近度方面很類似：如果兩位創投人來自同一個少數民族族裔，聯合投資的機會將提升二二．八%。其他親近度特質中也有類似的狀況，如在同一所大學就讀，或在同一家公司共事[28]。

這些同質背景的合作，會明顯減損創業投資人的表現。岡帕斯及其共同編寫者說道：「與同一少數族裔的人合作，成效會降低二〇%[29]。」投資人在親近度上越相近，投資表現越受影響，並且影響甚劇。（相較之下，根據能力來合作可提升投資成效。）研究人員提出這項結果的可能解釋：「為了要和擁有類似背景的人合作，投資人可能會降低在投資項目上能得到的預期報酬率與盡職調查標準[30]。」創業投資人應該重視長期的財務報酬，但是這會因為同質性帶來的短期無形效益而受損。以上就是採用「輕鬆」決策，而帶來長期危害的顯著例子。

要尋求同質夥伴合作確實較容易，而尋找擁有不同才能和往來對象的人是一大挑戰。我們常常需要跨出自己的社交圈與商業圈，才能找到擁有互補能力的優秀人才。

在組織中，許多人常愛講文化契合度（cultural fit），而強化趨同性。這個詞彙的定義不明，卻是負責聘僱的管理者喜愛的用語。獵人頭公司 Cubiks International 在一份調查報告中發現，世界各地的雇主中有超過八成的人將文化契合度列為聘僱的優先事項[31]。在工作甄選上也有同樣的現象，西北大學的蘿倫．里維拉（Lauren Rivera）在一份專業人員調查中，研究一流的法律、金融及顧問公司，她發現面試官較偏好的對象，是在嗜好、家鄉和學經歷較接近自己的人。舉例來說，面對研究中杜撰的人選時，非裔美國人的律師較喜愛出身於問題社區的拉丁美洲裔，並參與為美國而教（Teacher for America）的人，認定他們之間有「真正值得討論」的議題；男性白人銀行家則會認為這個人選不起眼，表示：「這種擔任志工、從事教學的活動太老套了，不如那些喜歡觀賞運動或擁有一般嗜好的人。」里維拉訪談到一位律師，他說：「你會思考：『我會想和這個人一起出去嗎？像是願意在下班後一起喝啤酒？……你必須邀請能讓自己有所期待的人[32]。』」

往往面試官想要聘僱某個人，但卻說不出個具體原因，或是對方能帶來的價值，這時候就會推託是文化契合度。聘用顧問公司 G. H. Smart 的斯瑪特在第一手經驗中，感受到以文化契合度聘僱的問題，他對我班上的學生說：「許多面試官做錯的一件事情是，他們想要盡早知道：『我和這個人合不合得來？』但是合得來的人有很多，較能做出分別的是對方能不能取得好表現，工作表現與合不合得來無關！」

即使你打造的團隊中具有高度多樣性，並且努力增加不同的觀點，但多樣性還是可能會慢慢消失。除非納入新成員，否則小組成員會逐漸變得更同質。和小組往來時，會加強共同的眼光、消除分歧的想法[33]，而與眾不同的成員比一般成員更可能離開公司[34]。此外，伊麗莎白・安培瑞斯（Elizabeth Umphress）與同事在一系列的報告中發現，在傳統分層結構裡，位階較高的人員喜歡和彼此互動，讓剩下位階較低的人也只能在組織中尋求與相同位階的人往來[35]。即使雇主聘僱有多元樣貌的員工，也難以要求員工在休息或下班時間後要和誰往來。因此，儘管雇主再怎麼努力，公司內仍會依種族、社經或性別分界等形成非正式的小圈圈，限縮能互享的知識。

停一停，想一想

- 想像你選出五位最要好的朋友一同合作計畫。
- 在團隊技巧、可運用的資源網絡或觀點多樣性而言會有哪些遺漏？
- 這些成員是否在各方面和你的背景類似？舉凡種族、族裔、教育背景、宗教或社經地位。如果是的話，需要完成具體計畫時，這些相似性會帶來阻礙或是成為優勢？
- 接著想像在團隊中的成員擁有不同技巧、資源網絡及觀點，在達成團隊目標或個人目標上，這樣的團隊會帶來哪些好處或挑戰？

第六章

重新為你想要的一切構築藍圖

在第二章和第四章中，談論最有經驗的創辦人會如何避免惰性和衝動，以及如何克服對失敗的恐懼與為成功籌劃。在本章裡，我們要再看兩項作為：避免過度仰賴藍圖，以及抗拒物以類聚的強烈念頭。

先前章節中提到的主題也很重要，但是相對來說較容易做到。你可以把那些策略當作創辦人的好習慣，用來讓一反慣例的想法能穩健成長，把眼光放遠，而不是低頭駐足。相對地，本章要做的是讓我們深入挖掘，並進一步擴展。藍圖和趨同性深植在我們的心中，在思想裡持續生成，因此許多人根本沒有注意到，通常並不認為這兩件事會帶來問題，更不用說加以抗拒了。

成功的創業者會如何形成適當觀點，質疑這種根深柢固的概念？

懷疑自己，還是質疑原先的假設？

失敗能教導我們很多事情，有志創業的人常常會試驗一些半成品的構想，甚至從小時候就開始。在他們失敗後，能發現原先想法中的漏洞，例如，墨西哥辣椒哈拉朋諾（Jalapeño）口味的檸檬汁無法成為夏日暢銷產品、聚乙烯泡沫塑膠不適合當耐久的造船材質，以及某個用來辨識昆蟲的應用程式太過複雜。有些人在面對這些失敗時會開始懷疑**自己**，而成功創辦人的反應不一樣，他們會質疑原先的**假設**。

這和自我懷疑不同，因為自我懷疑會降低人的動機，而懷疑穩固的信念則能振奮人心，儘管他們一開始可能未能感受到這一點。質疑假設能讓你看見其他人忽略的關聯和機會，會對人生與職涯轉捩點帶來幫助，得以因應藍圖帶來的巨大威脅。為了培養這種正向的懷疑來找出死角，可以請他人協助你找出遺漏的問題。接著細看每項策略，並了解找出問題後要如何加以彌補。

積極找出死角

我經常看到創業者在涉足投資項目之初或之前，會先將創業計畫分解剖析，並且拿出先前在個人或職業經驗中形成的藍圖，一一對照檢視其中的既定假設。他們關注三大關鍵，我把這些關鍵稱為三Ｒ：運用先前的**人際關係**（relationships）找出適合的共同創辦人或員工、如何做決策並分配**角色**（roles），以及如何分享**報酬**（rewards）和其他獎勵吸引並激勵適合的對象。

第五章中，曾討論世界大賽獲勝的棒球投手暨線上遊戲創業者席林，他在這三方面都犯了錯。他一開始聘僱線上玩家朋友當首批員工，因此後續要改找更專業的員工。他管理團隊中的職責分配相當類似，就像過去投手輪值安排一樣，因此造成緊張局勢，才明瞭要在領導團隊裡建立分明的不同角色，並調整團隊組成。他也必須改變棒球模式中「所有者持有組織」的藍圖，而改成「貢獻者持有股份」的方法，因此更能在公司內給予適當的獎勵。席林很快就學習改進，但是他開始調整時已經受到藍圖拖累，因此造成緊張關係、收益及成長挑戰。如果能及早積極探尋問題，而不是狀況發生才事後補正，就能讓這些死角早點浮現。

轉職是重要的轉捩點，需要透過事前找尋藍圖中的漏洞來產生巨大影響。鮑瑞斯・葛羅伊斯堡（Boris Groysberg）和羅賓・亞伯拉罕斯（Robin Abrahams）在一份研究中，調查四百位來自五十個產業的高階人員招募顧問[1]。研究顯示，在思考職涯行動時，質疑三Ｒ相關的假設很重要：例如，新環境中的人員能帶來助益且相互契合（人際關係）、職位符合正式工作頭銜與工作內容（角色），以及雇主有穩固的財務狀況，並能在市場上站穩腳步（影響到潛在報酬的因素）。

葛羅伊斯堡和亞伯拉罕斯發現，最成功的轉職者會檢視新的前景，並剖析藍圖，看看哪些部分適用、哪些部分不再適用。他們會問：「我會不會對這個職位抱持錯誤的想法？我要如何證明這家公司適合我？」接著，會調整不合時宜的因素。研究結果顯示，及早探尋與堅毅的重要性，要能在各個階段持續不斷地詢問這些問題，而不受到聘僱壓力的動搖。我們要如何跟隨著這項指引，而不會落入被動狀態？

建立提醒和檢核項目，留意前後修改狀況

學生或創辦人在選擇參與我的課程，或是加入我的創辦人強化營時，首先要做的是完成一份自我評估，檢視在遇到岔路的十六項決策，因為我的研究發現，這些項目對創業特別重要。例如，要獨立或和他人共同創業？要掌控或分享決策權？要避免外部融資或吸引投資人？起初填寫的答案呈現的是，他們對每個選項的直覺。在仔細考量這些選項，讓他們釐清各項決策，並學會依照理智行事後，我會請他們再做一次十六項決策評估，並且標示在哪些方面改變決策。平均而言，十六項決策中會有五項修改。

不過，我也注意到光是察覺這些差異還不夠。在理智和直覺不一致時，人往往會依照直覺行事，持續使用自動導航模式，而不是以理性控制。相反地，最佳創辦人遇到藍圖與現實所需有

落差的狀況時，會找出具體的方式提醒自己要再三思考決策。我看過的強力做法是，有位創辦人在桌上貼出他的十六項決策答案，並且標示其中的不同之處，每當他要做出重要決策時，就會看看這張表單，確認和這些落差有無關聯。

圖三是一位學生列出的十六項決策指引。我們已針對每項決策進行深入討論，讓這位學生清楚看見她遇到岔路時的理智決策（表中每欄的楷字體），並比較她在學期初依照直覺做出選擇之間的差別（箭頭下方是原本的答案，上方則是修正後的答案）。其中有十項在理智和直覺的決策相同，因此可以依循這些做法；其他六項則是不一致（灰底）。觀看這六項決策時，要警覺避免危害她對公司掌握的選擇，特別是涉及投資人和職位交替狀況。她列印出這張指引圖，讓自己習慣在做十六項決策時，會看看是不是遇到這六項岔路；也學會特別注意有關外部投資人的階段，因為她有半數改變決策是在這一點。這份決策指引圖讓她知道，要留心觀察自己傾向和目標不一致的狀況。

還記得先前說過，要適應換邊行駛的問題嗎？就算駕駛人意識到要轉換，但還是容易不小心回到自己習慣的自動導航模式，這種習慣在自己的國家很正常，不過在新地點可會要人命，尤其是在疲勞而無法專注抵抗藍圖時，最容易回到舊有模式。就像我班上的創辦人貼出「落差」指引圖來提醒自己，第五章提到的駕駛人中，也有人在面前準備可看見的提醒標示：「我真的覺得手動排檔桿比較好……，如果使用自動排檔，感覺就和在自己的國家沒有兩樣，很容易不小心回到『自動導航模式』，因此遇上麻煩。看到自己左側的排檔，並且要親手操縱，會讓人想起狀況不一樣，讓人較警覺[2]。」

如果你不能改變情況，或採用明顯的提醒物，就試著改變流程的節奏。例如，在觀看朝向目標的進度時，建立時間點能減少快速前進時的負面影響。另一位做了十六項評估的創辦人，在日程表上設置提醒，讓自己能為需要偏離藍圖的決策做準備。決策不一定要詳細寫明，不過提醒自己在思考上暫緩是有必要的。

加州大學洛杉磯分校（University of California, Los Angeles, UCLA）的康妮・吉賽克（Connie Gersick）發現，在得到創投支持的新創公司中，檢核表能促進健全正向的改變，因為能讓領導者知道期望目標是否可能達成（各個檢核點通常是依照一段時間或資金花費設定的）。吉賽克研究一家名為M-Tech的醫療公司，該公司執行長查爾斯・鮑爾斯（Charles Powers）對新開發的產品擁有高度自信。為了評估進度，並加強規劃，每六個月就會召開一次關鍵會議，把每年切割為兩部分，以半年為單位進行進度評估。六個月的時間足夠用來實施規劃，以及蒐集績效的資料，同時能在檢核項目上進行導正。這位執行長對新產品評論道：「我們很強力地銷售產品，一月時已經整備好銷售團隊。然而，七月和研發副總裁確認時，發現欠缺市場，因此公司很快地改變方針，採用次佳產品替補，結果相當成功。執行長和投資人都認為，這個決定拯救了公司[3]。」

因應情況調整處理方法

雖然很少人會把消防人員和創業者相提並論，但是消防人員也需要在有限的資訊和時間內做出影響重大的決策，他們也會使用檢核點。調查城市火災現場指揮官的研究人員發現，資深指揮官做決策時，「並未主動意識到不同選項中的抉擇[4]。」相反地，他們擁有過去的大量經驗，也就是累積而成的藍圖，他們運用這些經驗，並且和新的情境相較。熟練的指揮官就像創業者一樣，會建立各項檢核點，確保如果情境和過往的狀況不同，能夠透過判斷找出問題，並改變方針。例如，研究人員發現，資深指揮官抵達建築物失火現場時，會根據當下的延燒速度，檢驗他對火源的可燃性判斷是否正確，實際上觀察到的狀況會用來決定對團隊下指示。

圖三　十六項指引圖

備註：灰底表示理智和直覺不同。

新創公司中的潛在參與者	決策領域	維持控制的決策導向		重視利潤的決策
共同創辦人	單獨或團隊	獨力創業		以團隊創業
	人際關係	在親朋好友間尋找創業夥伴		同時在鄰近和疏遠的關係尋找創業夥伴
	角色	維持強力的決策控制	↑	和共同創辦人共享決策
	報酬	持有主要或完整股權		分享股權以吸引、激勵創辦人或重要員工
僱員	人際關係	視需求聘用關係緊密的人（親朋好友等）		強力尋求更廣大的網絡（不熟悉的人選），找出最佳招募對象
	角色	掌控重要決策		將重要決策過程交給適合的專家
	報酬	聘請成本較低的「未來新星」資淺員工		聘請成本較高的「巨星」員工
投資人	自行融資或接受外部資金	自行融資：藉由自我力量	↑	接受外部資金
	資金來源	向親朋好友或天使投資人募資	↑	鎖定有經驗的天使投資人或創投人

新創公司中的潛在參與者	決策領域	維持控制的決策導向		重視利潤的決策
	條款	拒絕威脅到控制權的條款（如絕對多數權）		接受必要條款，以吸引最佳投資人（如給予絕對多數權）
	董事會	避免成立董事會，或成立自己能掌控的董事會	↑	取得最佳投資人和董事，即使會減低對董事會的掌握
接班人	對交接的態度	拒絕放棄執行長的職位	↑	如果無法應付新階段的成長，考量放棄執行長的職位
	交接後的期望職位	創辦人暨執行長的職位被取代後離開公司	↑	創辦人暨執行長的職位被取代後，轉到執行長以外（而符合志趣）的職位
其他因素	理想的公司成長率	逐步至中度		快速至極速膨脹
	職涯困境：創立時機	等到不需幫助也能有足夠的技巧和經驗可以推動公司		允許讓其他人參與以彌補縫隙
	總資金和比例	投資計畫共值五百萬美元，由我完全持有		投資計畫共值一億美元，我持有五%
最可能的結果		維持控制權；創造較少價值		創造立財務價值；減少掌控權

檢核點需要你評估自己所處的情勢。考量各項目時，能讓你採用新資訊來判斷目標的實行性高低與否，並根據需要導正做法。生活中有很多方面可以從這種「檢核點思維」受益。舉例來說，我有一位學生訂婚，決定在生下第一胎時，要和未來的伴侶設定每個月的檢核點，評估小孩對兩人關係的影響。在每個月的討論中，他們會檢視是否要改變生小孩前的藍圖來因應新狀況。

她在各個檢核點中詢問的問題，包括：我們這個月有足夠的時間陪伴彼此嗎？我們之中是否有人覺得失去聯繫感、孤獨或壓力大？我們有沒有達成每週的夜晚約會承諾？根據評估結果，我們要怎麼調整對孩子和伴侶的做法以免出狀況？

同樣地，你也可以為自己新發展的活動做出定期檢核，不只是衡量進度，也要質疑自己的假設。舉例來說，你正在撰寫一本關於生物可分解包裝的書籍，目前已經寫了一年，寫好一些引人入勝的篇章，不過你也該重新檢視寫書是不是帶來改變的最佳方式？或是籌組非營利教育組織或綠色會議小組會更有效果？還是在當地企業擔任永續職員的工作會更好？

自我診斷是第一步，但這通常不足以讓我們擺脫藍圖的束縛。除非能運用聚焦的反制力量，或是委託他人協助，否則我們往往太輕易就陷入舊有的假設。

請他人給予意見回饋

先前提到席林的例子，他沒有把所有權交給員工，而且休假制度比照棒球隊，直到屬意的執行長人選反制他的藍圖後才有所改變。其他的創業者發現，更好的做法是明確核准員工，或甚至要求他們提供不同的意見。事實上，創辦人常常會請有經驗的同事或顧問，運用有用的藍圖來質疑原本的決策。

諾爾斯在電信業界龍頭GTE長期擔任高階主管，透過二十多年的經歷建立他的藍圖，但是來到創辦的電信服務公司Masergy後產生新需求，他經歷到兩者之間的嚴重落差。當他成為創辦人後，不斷隱約感受到藍圖中有缺漏。早期的一項困擾是，就連看數字時都遇到狀況：

> 最困難的轉變聽起來是很小的事，但是其實影響很大，這是我在看數字時遇到的障礙。在GTE，我看每個數字時，心理會自動補上三個或六個零。看到「十五」，表示是一萬五千或一千五百萬，而不是真的十五。在Masergy初期看支出表時，我說：「我們不可能花了一萬五千美元在那個項目上吧！」他們就會回應我說：「不是，是十五美元。」我過了一段時間才能好好注意這些小數目。過去二十五年來，我看的都是上百萬美元的數字，這一點並不容易改變[5]。

因此，諾爾斯想辦法找出破綻，並加以彌補。

最核心的是，諾爾斯覺得自己還沒有準備好如何因應公司的創立景況。他向前員工，也就是現任創投公司的初級合夥人請教。諾爾斯請對方幫忙看他為投售所撰寫的簡報，他說：「對方馬上就反駁我：『你不能拿這麼細瑣的計畫給創業投資人看。創業投資人確實希望知道你思考過細節，但他們要看的是重要的里程碑。給我里程碑就好，不要給予包含一百個小項目的任務清單！告訴我在特定日期能預期的重要成果，讓我知道投資資金獲得明智的安排[6]。』」GTE使用的逐點細目在這裡就派不上用場了。

同時，諾爾斯聯絡的人告訴他，簡報裡對團隊本身的描述不夠多，在簡報中主要呈現的是策略，但是投資人更想先了解他的個人背景，針對這點，原本連一張投影片都沒有準備。「創業投資人相信，就算企業規劃得不好，只要交到優秀的管理者手中，還是能有所成就，但是如果好的規劃落入不善經營的人手上，最後註定會失敗[7]。」

諾爾斯開始察覺到，長期待在GTE的經驗如何導引他到不合適的方向，原本的投售做法便顯示出他應該做出調整。GTE高層希望看見你是怎麼仔細安排每個細節，但是創業投資人知道就算思慮再周密也需要改變計畫，關鍵在於關注少數優先事項；在GTE，公司品牌本身就能招攬生意，個人經歷不重要；但在尚未經證實有實力的新創公司裡，關鍵人物才是核心。

諾爾斯聽取這個專業意見，多準備三、四張投影片來介紹自己和未來團隊新成員、絞盡腦汁找出三大預期里程碑，還有把細瑣的任務計畫替代成更簡單明瞭的計畫。調整藍圖讓他有所斬獲：向投資人進行投售時，簡報發揮效果。諾爾斯在創投基金上募集到三百萬美元，並邀請到重要公司的合夥人擔任董事[8]。

真心傾聽他人建議，不為此感到失落

為了協助評估自己的藍圖缺陷，考慮誰能擔任你的個人董事。這些人對你發展項目的新情境有足夠經驗嗎？如果有的話就很好，沒有的話就要考量：誰夠了解你這個人和你的藍圖，以及你未來方向的需求，因此能為你找出在哪些方面會有最大的潛在危險？找你最欣賞的教授，或是持續聯繫的前老闆，聊聊面臨的重大轉捩點。根據你最愛的業餘活動，或是要開始從事的產業，向在這方面表現成功的叔叔或阿姨請益。

如果你正在考慮步入婚姻或是生小孩，就看看擁有你欣賞家庭生活的人，而且對方要能提供誠實的意見。你喜歡和小孩相處嗎？你是否曾欣賞一些小孩彼此之間、小孩和父母間的互動？這要歸功於父母（甚至是小孩本身）做了哪些事？如果你正在考慮搬到一座新城市、重回校園進修、轉換跑道，看看哪一位朋友的朋友曾經完成這些事。請對方回想，在這個轉換的過程中，哪些決策和行動是最關鍵的要素？

在職場上，你可以定期請同事或老闆給予意見回饋，尤其是正在適應新環境，需要意見來彌補不足時就能這麼做。經歷幾週後，詢問主管，他覺得有哪些地方可以改進，或是你應該在哪些方面多下功夫。每次這麼做時，就能完成開始、停止及繼續這三項中的其中一項，接著大幅加速調整的腳步。（可能會感覺有些不自然，但是你可以在家也這麼試試看，增進自己身為配偶的表現！）不要以為主管會主動告訴你，通常不會，所以更應該強力打出「我剛來這裡，請問你能幫我嗎？」這張牌。不過，別忘了這不是只能用在剛開始的人，如果你從事一件事情有些時日了，一定已經建構藍圖。要求他人拿出反制力量，就能讓你改變藍圖或了解自己是否陷入窠臼。回想第四章所說的，我在辦公室牆上掛著學生作業的話：「人很容易落入窠臼，尤其是擅長手邊任務的人。」為了避免這個問題，好好面對需求，探尋自己的缺失。

接著，務必要確實**傾聽**這些建議並加以實踐。就算理智上知道我們要處理落差，而不是掩飾，但是心裡難免會覺得要克服這些差異「非常辛苦」，哈佛商學院教授萊絲莉．普羅（Leslie Perlow）說：「多數人覺得比起討論差異，掩飾差異會比較容易[9]。」他們覺得保持沉默較能完成工作與維持關係，不久後發現工作和關係都陷入困境而開始懊悔。我在第五章提到的金融專業人員妮可，她在為如何找到適合的工作所苦時，向我坦承她一直以來忽略外部顧問的意見。後來她發現自己很痛苦：「我長時間為對我沒有意義的事情工作」，才開始傾聽意見。在那個時點，她說：「人生不允許我繼續無視導師給我的意見。」

學習成功創辦人，了解能帶來改變的反對意見，不要陷入絕望。一名懷抱理想的年輕人考慮就讀神學院，他和一位為信仰社群多次主持神職人員遴選委員會的前輩討論。他們對董事會與集會潛藏殘酷現實狀況的坦白討論，讓這位有志成為神學院學生的年輕人能用更透徹的方式看待職涯選擇，但並未因此熄滅志向。

成功創辦人在聽到容易引起不安的建議後，不會因此陷入失落的情緒，這是因為正如本章開頭所說的，他們在遇到困境時，懷疑的是原先的假設，而不是懷疑自己。這一點有別於諾爾斯發現的創業者個人本質。雖然創業投資人很重視創辦人的個人能力，但是成功的創業者會想盡辦法，認為自己與別人的想法截然不同。創業者同時會有好和不好的想法，他們也知道這一點，將負面資訊列入考量的能力是另一項重要的創辦人特質：彈性。

發展藍圖彈性，因地制宜

有些藍圖一旦穩固後便很難更動，其中一個明顯的例子是，桑德林花了八個月才能夠騎反向腳踏車，而且就算學會後，還是要非常專心才能成功騎乘。

心理學家認定，發展心理彈性很重要，例如，能視情況轉換到適合應對方式，而不是只用自己覺得最自在方法的能力[10]。好比喬治梅森大學（George Mason University）的陶德·卡什丹（Todd Kashdan）和南佛羅里達大學（University of South Florida）的強納森·羅騰伯格（Jonathan Rottenberg），這兩位心理學家說道：「有條理、有道德感的人會在多數情境中負起責任並有所節制，但要是遇到需要大膽行動的情境時，這種傾向就會產生問題（如鄰桌的人用餐時噎到了）[11]。」

在許多狀況下，要對抗習慣的反應時，就需要由上而下的策略，注意情境中的需求，抗拒原本想要什麼都不做或用僵化方式回應的念頭，並且決定採取冒險的行動（以免等到鄰桌的人噎死）。我們通常未能發現需要針對情況採取非習慣的行動，或甚至沒有發現發生「狀況」了，因此讓這個挑戰變得更艱難。有一個經典實驗是這樣的，參與者觀看籃球員的影片，並接受計算傳球次數的指示，接著在五秒內有個身穿大猩猩裝的男子走到球場中央，轉向鏡頭，捶打胸膛，然後走開。沒想到居然有七三%的人因為太專注手邊的任務，並且習慣看著傳球動作，而沒有注意到這個人[12]。

同樣地，發展藍圖彈性很重要，要視情況調整心態和行為。如果你目前只發展出單一而穩固的藍圖，要發展彈性就會相當困難。如果你只在一家公司工作（或是只在一所學校教書，像我在開始擔任其他三所學校客座教授前的狀況），就會面臨這個挑戰；或是如果你只在一座城市居住（像我的三個子女一樣，目前只住過波士頓的同一間房子）。如果你是這一類的人，可以到其他公司工作，或是體驗其他城市的生活，藉此提升彈性。

諾爾斯在GTE工作二十年，接著決定嘗試創辦企業。要是之前至少待過兩家公司，而不是只有一家，他的藍圖就不會這麼僵化與單調。他發現自己不曾從內部觀察比GTE規模來得小的組織，因此決定在開始自己的事業前，先到新創公司工作。諾爾斯在一家新創公司從事行銷和產品策略工作，接著到另一家新創公司指導技術策略。這麼做讓他學會藍圖所需的各個要素，並在成為創辦人前找出藍圖中的落差。

兩家新創公司改變了諾爾斯習以為常的大公司思維模式，包含太過仰賴漸進流程、相信每位員工都要有專精領域，而每個專精領域都要有一位員工，並且期望如果自己的方向偏移，同事能重新幫助他導引到正確道路上。現在他也了解快速做決策、身兼多種技能的價值，更體悟到在許多事項上要自己負責，維持走在正軌上。

有人可能認為，像諾爾斯那樣很快轉移到迥然不同的情境，可能發展的新思維也會深植心中，但是這種情形並未發生在桑德林和他騎乘腳踏車的藍圖上，也沒有發生在諾爾斯身上，他從小型企業的學習背景、大公司的工作經驗，以及被新創公司聘僱的經驗中累積各種藍圖，並且提升他擔任創辦人的彈性。即使他的新藍圖讓舊藍圖黯然失色，在藍圖相互較勁的過程中，幫助我們確認並質疑原本的假設，像是以為和自己相似的人在世界上是最聰明、最有能力的。

不讓同道中人限制多元觀點

在南加州大學商學院裡，院長辦公室舉辦不同系所的聯合餐敘，提供出席聚會交流的教職員免費午餐，讓兩個原本不會共處一室的系所人員聚集在一起。我曾參與這樣的活動，是很難忘的經驗，在最近一次，我發現有一位系主任對電梯的科學原理很感興趣。

光是想想就很令人驚訝，洛杉磯是全美第二大都會區，也是環太平洋地區的一座主要城市，其中的知名大學竟然必須正式舉辦活動，鼓勵教職員走出自己習慣的小圈圈。但是這一點也反映人性：在這樣的大都會裡，趨同性仍是難以抵擋的力量。

更令人讚嘆的是，大多數成功的創業者能夠抗拒這股力量，他們在自己的努力或他人的共同協助下，能夠了解趨同性的壞處，並且採取行動，讓身旁充滿更多不同的觀點。

一九九八年，東尼．特安（Tony Tjan）現任創投公司 Cue Ball Group 執行長，是近來畢業的企管碩士裡，在構築想法、願景及策略上具有優勢的人。他想要創立網路服務顧問公司，正在尋找共同創辦人。有一位人選他完全不考慮，對方是他在商學院第一年被分配到的小組夥伴。特安對我班上的學生說：「我之前對這位班上同學的觀感真的很差，甚至打從心裡覺得反感。

他什麼事都要牽扯到營運，你在策略班？他每次都會談到營運或流程。行銷班？他會說：『這家公司之所以能成功，是因為他們的行銷流程……。』他總是用尖銳的聲調說著，讓我想殺了他！」

然而，特安的友人和顧問強烈建議他重新考慮，因為這位小組夥伴的營運才能與他的優勢完美互補。特安照做了，並且體認到不該屈服於認知偏見，只找能自在相處的對象，否則就會有危害。他和我說：「謝天謝地，我聽從了這個建議，因為他成為團隊裡的完美人選。」一旦特安學會不再跟隨內心的直覺反應後，便了解到：「這個人有很棒的個性，非常難得，他的價值觀和致力付出簡直無可挑剔。」最後，特安和合夥人在公司被收購前，為公司 ZEFER 募集超過一億美元的資金。

創業者要如何避開趨同性的陷阱？我們又要如何效法？其中一個好的著手點，就是採取兩個簡單互補的一套解決方案。

利用檢核清單找到目標，確認達成進度

音樂人韋斯特格倫多年失志，無法找到忠實的聽眾，表示：「這是非常出眾的藝術，但也是非常令人沮喪的專業。多年來，我開著貨車走訪西海岸，到處表演，常常借宿在朋友家的地下

室，而且一直不受矚目，多年都一無所獲。他想著：推出新專輯時，音樂人怎麼知道和粉絲的品味是否符合？粉絲要如何發現原本不會接觸的音樂？韋斯特格倫產生新構想，最後形成音樂基因組計畫（Music Genome Project）。他說：「我已經習於思考音樂品味是一連串的屬性；有位電影導演會與我分享他喜歡的音樂，而我會把這些歌曲分解為一連串的屬性，接著必須回到工作室，用類似的屬性轉譯為一首編曲。我想把腦海中的流程『裝瓶』處理成軟體，用來產生某人可能會喜歡的音樂智慧推薦。」韋斯特格倫決定創辦一家公司，使用科技發展「音樂基因組」，把粉絲連結到符合他們感受的音樂[13]。

這時候自然的反應是尋求其他音樂人協助、和朋友聊聊、找出對這個想法有熱情的人，並組成團隊。確實有許多創辦人會順勢這麼做，但是用這種方式組成的團隊，會產生許多先前看到的困難，像是技巧重複和產生破綻。例如，在這些有音樂背景的人中，誰能發展技術或建立公司的營運？

韋斯特格倫抗拒這個念頭，而是在已建立的團隊裡，選用創立線上音樂公司所需的三大關鍵面向：在線上層面上需要技術人才、在音樂層面需要音樂與音樂產業的專才，以及在公司層面要有具商業背景的執行長。要在音樂專家這一項打勾很簡單，就是由韋斯特格倫自己出馬。接著，他運用「關係較疏遠的強力人才」，而不是尋找自己率先想到的人，以免產生趨同性風險[14]。在執行長這一項，他用較疏遠的關係找來喬恩・克拉夫特（Jon Kraft），他是韋斯特格倫妻子友人的丈夫。克拉夫特先前創立一家新創公司，並擔任執行長，這家新創公司受到知名創投公司資助，後來被販售給另一家大公司。清單裡最後剩下的一項是科技人才，克拉夫特找了朋友的朋友——威爾・格拉澤（Will Glaser），他是傑出的工程師暨資深企業創辦人。這樣的成果讓韋斯特格倫奠定堅實又兼顧各方面的基礎，相較之下，如果他依照自然傾向而尋找相似的人，就會讓團隊變得更脆弱[15]。

這種直接使用檢核清單的方式，和阿圖爾・葛文德（Atul Gawande）推廣的不同[16]。這是能對抗趨同性強制力量的最有效方法之一，無論是針對工作的企畫小組或社區活動。如同韋斯特格倫所做的，針對要投注的心力，列出重要的能力清單。如果原先的清單很長，就依照重要性篩選出最關鍵的幾項；如果是長期計畫，就依照不同期程來設計項目：「現在需要」、「六個月後需要」等。勾選自己能應對的項目，接著看看還有哪些沒勾選的，特別是「現在需要」或近期所需的項目，思考你能從認識的人（或別人幫忙引介的人）中找出人選，並且思考如何吸引他們參與。目標是每一項都完成勾選，不要有的一項勾選兩次（勾選兩次表示有重疊的問題），也不能有優先項目沒勾選（那樣就等於留下漏洞）。

採取他方驗收，提升效益

好幾年前，我協助成立一所男子高中（參見第二章），我注意到形塑學校願景和策略的家長背景相近，包括工作經歷（商業或健康照護專業人員）、宗教傾向（正統猶太教）。因此，組成董事會時，把範圍限縮在原先的群體，就會面臨在團隊組成裡遇到趨同性問題。了解到這一點後，我們列出各項能力的檢核清單：管理專長、編列預算、建築、債務融資、募集資金、教育及組織活動的專業知識。最初一群家長中，能勾選完三項。對於剩下的漏洞，我們在和自己有一段距離的第二、第三層人際網絡裡找人解決破綻。這麼做的同時，找來具備珍貴能力的人才，讓我們能填補漏洞（如尋找地點，建造建築所需的知識），朝著多樣化發展（如有人了解在非正統猶太教的學校裡，能採用哪些最佳做法），減少冗贅的安排。

使用檢核清單外，最好還可以搭配另一項做法，讓其他人參與、採納他們的觀點：定期安排他方驗收。如同第五章所說的，如果創業投資人參與較多由親近度所驅使的合作關係，便會陷入趨同性圈套，而容易在投資上失利。這主要是因為他們想要合群、思想與人相似[17]。決策流程中，他們容易忽視喜好選項的不利因素，不顧外部專家給予的意見，也可能為了要和與自己相似的投資人合作，因而降低預期的收益門檻（預期中能獲得多少績效收益），以及盡職調查標準（對潛在投資有多仔細審視）。

頂尖的創投公司意識到這些挑戰，會設計正式流程來降低這些挑戰對公司績效的衝擊。這些公司會確保個別合夥人不能獨斷地進行投資。例如，他們會每週舉辦會議（通常在週一早上），討論潛在的交易活動與是否投資[18]。透過這些會議，原本還沒有和潛在合作夥伴來往的人能有機會評估交易。為了避免盡職調查標準降低，有些公司還會要求交易時要以書面方式闡明細項，避免一些流程被偷工減料。

企業決策中，要是由「決策領頭人」主導，需要參考其他人的觀點，以對抗可能的偏見，或是要確保領頭人考慮不同的要素，就很適合他方驗收。在家庭事務裡也可以由他方驗收，像是一人在耗費心力的決策中容易喪失對其他方面的考慮，像是計劃年度出遊或購屋。此時伴侶、家人或朋友可以幫忙審視目前完成的項目與進行的狀況，甚至提出替代方案。

檢核清單注重的是需要完成的事項，他方驗收則是讓我們能有其他人的參與，並採用他們的觀點，以利正視狀況，這樣一來就能避免不受與自己雷同想法的影響而變得偏頗，這兩項流程讓我們不會太沉浸於「同溫層」。最成功的創業者知道摩擦不見得是壞事，因為往往能帶來更高的生產力；換句話說，要不怕發生爭執。

不要害怕發生爭執

要不怕發生爭執並非易事，以先前提及的南加大午餐聚會為例，這項企畫的目的是為了鼓勵自由發想。但是在這個情境中，其中有許多人難以跨越向來的溫良舉止。我們常常無法真正激烈討論到擦出火花，因此觸發一來一往的學習機會，就像很多人一樣，應該學習創辦人的能力，在必要時直言不諱。賈伯斯要說服約翰·史考利（John Sculley）離開百事可樂（Pepsi）來領導蘋果時，說了一句很有名的話：「你下半輩子要繼續販售含糖飲料，還是要有機會改變世界[19]？」結果這句直白的話語，讓史考利破除原先的想法和慣性，也讓賈伯斯得到想要的執行長人才，至少當時確實如此。

講求成效的創辦人知道在尋找合作者的主要目標是成果，而不是意氣相投的人。李察·哈克曼（Richard Hackman）與同事研究發現，在專業管絃樂團中，團員關係好壞和團隊表演的獨立評價成果之間有輕微的**負向**關係[20]，較常發生爭執的管弦樂團反而表現較好。雖然衝突會引起不快，但是也能促進學習，讓團隊更可能發揮創意。

最佳的創業者了解這一點，因此會努力尋求各式意見，而不是拘泥於一開始的和樂融融。通常不同意見起初會帶來短暫的挫折，但是長期而言可以有更好的成果。每一次僱用人員時，他們會詢問：我對這個人的負面反應，是因為我們的作風不同，或是有實質的差異？還記得特安起初對小組夥伴的作風感到厭惡嗎？他後來克服這一點，為團隊帶入關鍵成員。相反地，如果我對一個人抱持正面看法，是否真能透過對方，扮演獨特的、增加價值的角色？還是我只不過是為了要和可親近的人來往，因此合理化僱用冗員或無關職位的人？

我們之所以會受到類似的人吸引，有一個原因是擔憂彼此之間關係緊張，還有和自己不一樣的人會壞事。但是，短期避免這些差異的同時，也提高增加長期問題的機率。相反地，我們需要建立參與艱難對話的能耐，因而能把這些對話變得更有成效[21]。

尋求正面爭吵，盡早「暴露問題」

我的校友傑西卡．阿爾特（Jessica Alter）是創業交際平台FounderDating的執行長，她問道：共同創辦人在爭吵時，是否會很快情緒高漲，成為長期而致命的關係。結果發現，共同創辦人心懷怒氣越久，越容易增加彼此的不滿，並且延緩重要決策[22]。對快速成長的新創公司而言，這些內耗會嚴重毀壞彼此的情分，讓企業最終崩解。

這聽起來可能比較像是討論婚姻，而不是討論企業，因為創業方面的衝突問題和人際關係的狀況非常相似。新創公司的瑣碎問題也與婚姻一樣會引發長期不滿，最後消磨信任。例如，新創公司的兩個共同創辦人可能會爭論共用祕書要安置在誰的辦公室，或是針對公司商標也會發生衝突。這就是最佳創業者知道要盡快面對棘手問題，不要拖延的原因。他們會遵照以下的關係導引，也就是我的一位學生憑印象說的，他聽過的最佳約會建議就是：「盡早暴露問題，如果伴侶看見你最糟的一面，卻還愛著你，你就會知道對方是值得託付的人。」

注重成效的創辦人也知道如何有「正面的」爭吵，會避免讓關係破滅的「四騎士」：批評（criticism）、防衛（defensiveness）、輕蔑（contempt）及不理不睬（stonewalling），這個概念是由約翰．高特曼（John Gottman）提出。這四項是能以九〇%準確度預測離婚的指標[23]，了解這些可以協助創辦人建立面對艱難對話的能耐，因此反而能利用差異，而不是畏懼與避免差異。

批評是夫妻在衝突時會率先採取的手段，其中一方攻擊的不是行為本身（「你就不能收拾碗盤嗎？」），而是另一個人的人格（「你真的很懶惰！」）。下一項是防衛，這也是多數人在私人生活或職場上都曾經歷的狀況，在績效面談或從配偶口中聽聞對自己不利的話語，於是阻止對方所說的內容。（「你遲到了！」會引發「我們常常遲到又不是**我的**錯！」的回應。）下一個出場的四騎士是輕蔑，也是對預測離婚最準確的一項。輕蔑的例子除了直白地說：「你是笨蛋。」以外，還包括在回應對方時翻白眼、譏笑，或甚至是反諷。最後，則是不理不睬或毫無回應，也就是一方不再用附和、點頭或其他方式讓對方知道正在傾聽。四騎士的存在預測夫婦婚後平均五．六年內就會離婚[24]。

站在對方的角度看事情

妥善處理衝突的一大關鍵是，促使自己用對方的觀點看待事情。這已經是老生常談，卻還是不容小覷，因為多數的人很難換位思考。我在練習活動中，隨機將學生分配到不同類型的創辦人角色，讓他們模擬股票分割。我發現「商業」創辦人無法掌握「技術」創辦人的觀點，反之亦然。商業創辦人常用尖酸的語氣貶低技術創辦人：「你們這些寫程式的人滿街都是！」技術創辦人也不甘示弱地回應道：「你在團隊裡負責的工作最輕鬆！」這只是隨機分配的一種模擬狀況。

如同第四章提到的，奧康科技創辦團隊對所有權的安排是反脆弱的典範。要達成協議，共同創辦人之間必須完成非常艱難的對話，其中一位決定在新創公司全職工作的創辦人吉姆．柴安迪福（Jim Triandiflou）和啟蒙公司的伯羅斯密切合作，他承認伯羅斯是團隊中的「真創業者」。伯羅斯是公司預定的營運長，但是柴安迪福懷疑伯羅斯能否全心投入公司。首先，柴安迪福知道伯羅斯很喜歡當下在專業服務公司安侯建業（KPMG）的工作（與有保障的薪水）。其次，他們在擬定商業計畫時，伯羅斯初為人父。柴安迪福說：「他會在我們談計畫時幫小孩泡奶粉、換尿布。」柴安迪福設想自己是伯羅斯，觀察對方的情境，懷疑伯羅斯會在建立家庭的同時接下創立公司的重擔[25]。

團隊在做出難以挽回的計畫前，柴安迪福決定提出伯羅斯參與奧康科技的敏感話題。伯羅斯表示可能無法加入公司時，柴安迪福說：「說實話，這對我來說是一記重擊。」但是，他不想引發防衛反應，所以忍住不讓高特曼提出的四騎士之一——批評破壞彼此關係，因此在分配所有權時，能讓團隊避免遭遇致命打擊而變得更強大。伯羅斯投資公司，讓公司得以度過早期創立的艱難情勢，長期而言，柴安迪福說：「我們最後依然維持友好關係，兩家人還會一起出遊[26]。」

對創辦人而言，了解他人的觀點是必要的；對奧康科技來說，這一點攸關公司存亡。最佳創辦人要向潛在投資人投售時，會用投資人的眼光看待投影片和簡報；當他們要從大公司挖角科技長時，會思考對方要怎麼在新創公司裡發揮更大的影響力。

用正面互動避開破壞人際關係的地雷

高特曼用「婚姻大師」一詞，形容能避免使用破壞四騎士，並在衝突時公平相處的夫妻，他們能營造感念的氣氛，展現「尊重、感謝、關愛、友誼，以及看到美好的一面」。高特曼認為這是可以培養的習慣，這些「大師級」的夫婦也會遇到衝突，但是就算彼此常有爭執，還是會把對方當成好友相親相愛[27]。高特曼說：「婚姻大師談論要事時，可能會有爭論，但是同時也會打打鬧鬧，傳達出對彼此的情意，因為他們有著情感聯繫[28]。」

婚姻大師在正面與負面互動的比例是五比一。如果夫婦間的正面與負面互動低於一比五，就會有離婚危機。常見的正面互動，如微笑、溫暖的碰觸，能有效抵銷強烈的負面互動。就算經常爭吵，只要婚姻中的正面與負面互動比高於五比一，還是能成為婚姻大師[29]。

正如有婚姻大師，像是柴安迪福等創辦人則精通處理和共同創辦人、投資人及其他利害關係人關係中的細微之處，他們就像婚姻大師一樣，不只是避免批評等負面行為，還能營造出敬重與欣賞的氣氛。其中有些人能成功避開其他兩個地雷，像是在企業裡牽涉到家庭成員，以及受制於文化規範，用嚴謹的方式來平分職責和報酬。不過，如同將在後續章節看到的，這些都是創辦人和一般人常會遇到的麻煩地雷。

第七章

太重視平等，可能會讓你作繭自縛

你可能已經注意到了，本書循序漸進地談論生活中的各種挑戰，並以創辦人的智慧來回應情境。在討論卡洛琳和阿吉爾的例子時，我的建議比較黑白分明，不要讓心理的手銬阻礙你追求夢想，如果熱情過頭，務必克制自己想要一頭栽入的衝動，我向大家展現出害怕失敗或未能為成功籌劃是要避免的錯誤。

本書接著講到較細微的議題，像是依賴心智藍圖，這時候類別間的邊界勢必變得模糊，黑和白不再分明。心智藍圖會限制我們，不過也會帶來益處，我們親近和自己相似的人也是這種情形。現在要談到更細微的一組挑戰，因為情況更細微難辨，因此有較大的爭議空間。

首先，要從事需要堅實基礎的新投資項目時，不管是地點移動、找新工作、參與創意企畫等，我們常會出現想讓親朋好友加入的強烈意念。遵從這種意念是好是壞？有些人會說「這樣很好」，特別是已經和身旁的人一起奮鬥的人會這麼說；也有些人會說「看狀況」，不過如果因為覺得自己可以扭轉艱困局勢，或是由於認為要判斷哪些狀況太困難，而用這一點當成不作為的藉口，就會遭遇危險。不幸地，如同本章會說明的，結果常常事與願違，造成不作為出現問題。所幸，只要好好面對風險，就能找出解決辦法，對抗受到這種意念束縛所帶來的困境。

其次，我們之中有許多人所處的文化環境很重視用平等的方式，分配關係、角色及報酬。斤斤計較地平等分配是好是壞？人們對這件事也有各自的強烈意見。我們會看看什麼因素導致這個方法出現問題，以及能採取哪些行動擺脫這種束縛。

在本章中，我們會拋棄黑與白的分界，進入灰色地帶。

與「自己人」共事反而變得不像自己

我們親近的人在生活裡占據重要位置，包括父母、兄弟姊妹、子女、叔叔、嬸嬸、堂表兄弟姊妹、童年玩伴、大學好友、軍中同袍，或是其他朋友。他們可能給我們添了不少麻煩，但也深深了解我們，而且其中還有很多人曾幫助我們度過難關。因此，我們也會傾向與他們一起工作，或是用其他方法爭取他們幫助我們達成目標，想要和這些親近的人合作的意念有時很難以克制。

德州一家醫療實驗室服務公司 ProLab 的故事，顯示和家族成員合作時的希望和現實。四十五歲的公司執行長在打高爾夫球時，因為心臟病發過世，因此由瑪洛接任該職位。隨著 ProLab 成長，瑪洛告訴我：「我無法一手處理所有的事，但是公司也沒有聘僱高階人員的預算[1]。」

瑪洛的丈夫之前是一家知名顧問公司的高績效合夥人，他決定離職，於是瑪洛邀請他加入公司幫忙。這個時機很湊巧，瑪洛說：「我知道他非常聰明，可以貢獻很多知識，他在先前的公司具備處理各種情況的經驗，能推動企畫、改造公司、協助他們在不同方面有所改進……我相信我們能完美配合。」丈夫參與瑪洛的公司事務，應該能讓夫妻的工作和家庭同調。瑪洛表示：「我們有兩個小孩，我先生之前一直因為工作而出差，我想新夥伴關係會很棒，因為他不用再到處奔波，我們也能一起配合，決定哪幾天由誰接送小孩和處理公事。」他們決定成為「創業夫妻檔」，一起在新創公司工作。

最初幾個月，瑪洛的丈夫加強 ProLab 的財務紀律，並且接任財務長一職。然而，團隊中的緊張氣氛浮現，又因為公司面臨首次年度損失而使問題惡化。當工作的壓力變大時，「工作跟隨著我們回到家中，在家歡樂愉快的談話變得有壓力，都圍繞著工作打轉……，我先生最愛說的一句話是『我每天二十四小時為我太太工作。』」

瑪洛很快便意識到，她以前從未見過丈夫工作的那一面，丈夫在工作時的個性和在家時感覺很不一樣。瑪洛擔心公事上的爭論，會對家庭生活帶來不利影響，因此避免試著和丈夫針對分歧意見進行協調。她反省道：「我不再反對他，因為我不想造成婚姻問題，擔心職場上的爭吵會延續到家裡。當你回到家，在晚上某個時刻，彼此相對時，仍然受到工作上衝突的影響，就算你試著擱置爭議，卻還是不得不看到剛剛吵架的對象。」

接下來幾週，溝通緊張情勢升高，公司業績下滑。瑪洛說：「我們不再是完美搭檔，不再像以前一樣舉行進度會議。到了那個地步時，我不再關注財政狀況，都由他負責管理，早知道我就應該審視財政狀況，但是因為想要保持冷靜，挽救彼此僅剩的關係，不想太過強勢。」

瑪洛對原本該做什麼事的評估完全切中現實，因為在二〇〇七年，會計師告訴她，ProLab近乎破產；公司損失了一百三十萬美元。瑪洛說：「我從未想過我們會落得這種下場，但是問題在於：『公司失敗是因為我不開除我的先生嗎？』那麼，決定是『好，我現在就開除他。』」

共事帶來的蔓延情緒，以及瑪洛開除丈夫的決策不只傳遍公司，也滲透到他們的個人生活。瑪洛開除丈夫後不久，也提出離婚。即使丈夫原本有機會為公司帶來價值，但是讓他參與的嚴重損害卻抵銷了這些價值。幾年內，公司轉虧為盈，但是瑪洛的婚姻卻結束了。確實，家族企業研究學者吉布．戴爾（Gibb Dyer）與同事發現，在七十一家公司中，所有者暨經理人請配偶幫忙，結果並未提升企業績效，也較聽不進配偶的意見。通常，這些配偶在一、兩年後就會離開公司[2]。（諷刺的是，戴爾的其中一位共同作者就是他的兒子。）

和親朋好友合作的四大風險

讓熟識的人進入企業，聽起來是最不費力的事，尤其是沒有足夠的時間或金錢來進一步尋找人才時。在商場上，家族企業似乎受人愛戴，但是我們不該因此受到蒙蔽，因為聽到的都是少數的成功案例，而多數的失敗狀況通常都被相關人士隱瞞，這其實也可想而知。

我蒐集到的資料顯示，和親朋好友合作事業是創業者會遇到的一大風險。我針對與親友合作創業與否，畫出創辦團隊穩定度的圖表，在過程中便注意到這一點。剛開始屬於創業的蜜月期，兩者的穩定度表現相差無幾，過了這段時期後，親友團隊的穩定度就會大幅下滑，和非親友團隊的落差拉大。團隊中每多一項個人關係，創辦人會離開的可能性就增加二八．六％，這並不是什麼好現象，尤其是我們預期好友團隊中會特別重視團隊融洽[3]。

一般認為「自己人」組成的團隊會帶來一些效益，但令人驚訝的是，親友團隊的穩定度反而不如由陌生人或泛泛之交組成的團隊。我們可見到，和親近的人合作時便踏入負數的區間，相較於和陌生人或泛泛之交從零開始，還要想辦法抵銷先前關係帶來的負面影響。

和親朋好友一起創業很愉快卻不持久。

許多人都聽過以下的困境，每當我請未來創辦人投票表決包含親友在內的創辦團隊是否較穩定時，「較不穩定」的票數總是會超過「較穩定」的票數。這麼看來，我們應該會在有前景的新創公司裡較不常看見親友團隊，對吧？尤其是這些團隊必須因應快速變遷市場的複雜性，也會接觸關於團隊建立的專業建議，可惜結果並非如此。我的資料顯示，在高科技、生命科學的新創公司團隊中，有四三％的共同創辦人在創業前有私交但沒有專業往來，以及一二％的共同創辦人是親戚[4]；換句話說，儘管創辦人也不是不清楚狀況，但超過一半的團隊就是無法抗拒想和親友合作的誘惑。（小型企業裡，這種團隊的比例更高，更不用說家族企業了[5]！）

牽涉到親朋好友時，簡直是作繭自縛。我們身邊圍繞著關係密切的人，就是希望能夠形成強力的團隊，但是這樣把自己團團包圍，很可能會作繭自縛，就像瑪洛的情況。我們為人際關係建立堅實的專業基石後，可能會和同事的關係變得要好，但這和讓親朋好友加入事業發展的情況迥然不同。如同約翰．洛克斐勒（John D. Rockfeller）所言：「建立在事業上的友誼值得讚頌，但奠基於友情上的事業簡直要命[6]。」

瑪洛的經歷突顯出讓親朋好友參與我們的努力時，會出現的四個重大風險：親人的表現會出乎意料；我們不會審慎評估他們的實力；我們往往避免和親近的人談論棘手議題；家庭或事業其中之一出了問題，常常會蔓延到另一方面。接著，我們分別看看這幾個問題。

看見令人意外的一面

一般人往往會根據家人或朋友的平常行為，以為自己知道他們在職場上會有的表現，但是人在生活不同層面的行為會很不同。例如，根據史丹佛大學（Stanford University）研究學者彼得．貝爾米（Peter Belmi）和傑弗瑞．菲佛（Jeffrey Pfeffer）的研究，大家認為自己在組織中（同事身分），比在私人情境（朋友或舊識身分）較少有互惠行為；換句話說，大家比較願意在私人生活裡幫忙他人，在工作生活中則較不願意[7]。我們不該把在一個情境下收到的協助，自動帶入另一種情境，但是通常未能意識到這一點。

無法仔細審視對方

考慮和不認識的人合作前，你可能會睜大雙眼觀察對方，包含注意有沒有哪裡不符期待，或對方是否有能力完成任務。如果感覺有問題，就會放棄繼續合作的打算。然而，對待熟識的人時，我們的反應很不一樣，會假設對方該有的能力都有了，甚至沒有考慮中斷合作的可能性。我們還沒有做出基本的適切性評估，就盲目地參與合作。但是從現實層面來看，相較於能從廣泛範圍網羅而來的人才，你的親朋好友正好是職位最佳人選的機率有多大？

避談艱難的對話

艱難的對話，也就是充滿情緒極不確定性的互動[8]，很多人難以和親近的人進行這種對話。

我們會一廂情願地幻想，配偶間一同工作就是理想的境界，可以完美結合家庭與事業，擁有共同的目標、夢想及理想。確實，有些人認為和親近的人較容易展開艱難的對話。但是對多數人而言，這些對話會造成巨大的壓力，讓人避而不談。我們不想傳達負面資訊、害怕提出敏感話題會帶來負面後果，並且不想讓家人失望[9]。我們會拖延對話到不得不談的最後一刻，或是直到問題已經危害到彼此關係為止。議題越棘手，我們討論時越容易使用負面用語、提出批判、帶著輕蔑語氣，或是很有防備心，因此導致雙方對關係更不滿[10]。

這種避談艱難對話的跡象，會在關係的早期中出現。信用評比公司 Experian 進行調查，在二〇一五年研究一千零二對美國夫婦。結果發現普遍現象：夫妻間對於談論財務議題時會遇到阻礙。多數受訪者同意「結婚前會考慮結婚對象的信用評比對我的財務狀況有何影響」，但是不見得會針對確切的財務狀況進行討論。新婚夫妻中，有三三％的人對伴侶的財務狀況感到驚訝，而三六％的人完全不清楚伴侶的消費習慣；四〇％的人在婚前不知道伴侶的信用評比，而四分之一的人不知道伴侶的年薪；共有三九％的新婚夫妻因為信用評比的困擾，造成婚姻承受額外的壓力[11]。

影響的蔓延

如果一個層面的關係變得緊張，未能妥善處理，有可能會延燒到另一層關係，就像是瑪洛遇到的狀況。心理學家琳達・德佐（Linda Dezsó）和喬治・羅文斯坦（George Loewenstein）研究近一千個借錢給朋友的案例，這些人把商業關係與私交混雜在一起。研究人員發現，借貸關係很可能是非正式的約定，而借款人常以為自己已經還了不少錢，但是實際卻沒有那麼多，而且「借款人常常有盲點，難以辨識到拖欠款項時會造成貸款人的負面感受和觀感[12]。」如此一來，借錢這件事（尤其是未能準時還錢）會讓好友撕破臉。

這類影響範圍可能很大。卡內基美隆大學（Carnegie Mellon University）人際網路研究學者大衛．克拉克哈特（David Krackhardt）表示，在某方面的人際關係變動（如開始在工作上意見相左）會衝擊到另一方面（爭吵延燒到家裡）[13]。我們害怕危害其中一項關係，也會讓人拖延艱難的對話，導致發生真的危害。在社會和事業兩大方面都已經有了潛在的緊張關係後，更可能產生問題，並引發嚴重後果。

安插親近之人在身邊時，記得預留後路

我經常可以感受到個人和事業間的緊張關係。某個夏天，女兒來我的工作場所當實習生。只要她在身邊，我在和同事與下屬互動時就有更強的自我意識，因為擔心女兒在辦公室對我的看法，會影響到她在家對我的觀感，我和員工的溝通變得較不明確，因為她在場造成我和員工的互動顯得彆扭。此外，如果（總有一刻）她在充滿挑戰性的新企畫中遺漏一項目標，需要建設

性的意見才能進步要怎麼辦？我有辦法好好提供嗎？我想答案是否定的，也很肯定女兒不會把我的引導視為建設性的意見。我想，自己說不定應該發起一個新運動：千萬別帶小孩一起上班！

創業者知道在努力中讓親朋好友參與的風險，或是應該說他們「知道」這些風險，他們很快就能加以應對。還記得我之前統計創業者的親友團隊有多不穩定吧！此外，創業者很清楚知名的負面教材，像是Gucci的故事。這個故事的情節發展就如同威廉·莎士比亞（William Shakespeare）的戲劇一般，簡單來說，Gucci這個品牌是在一九二一年由義大利古馳奧·古馳（Guccio Gucci）創立，他原本是洗碗工，後來成為創業者。這個品牌在一九五〇年代晚期到一九六〇年代大紅大紫，邀請到賈桂琳·甘迺迪（Jacqueline Kennedy）和伊莉莎白·泰勒（Elizabeth Taylor）拍攝廣告。一九五三年，古馳過世後，公司的所有權均分給三個兒子，其中一個兒子之後也過世了，因此公司由奧爾多·古馳（Aldo Gucci）與魯道夫·古馳（Rodolfo Gucci）平分，其他要求在決策中發表意見的聲浪都受到壓制。奧爾多的兒子保羅·古馳（Paolo Gucci）想在公司內建立自己的生產線，並把企業現代化，卻遭到開除[14]。結果保羅洩露財務資訊，讓奧爾多因為逃稅而鋃鐺入獄。

隨著奧爾多出局與魯道夫過世，下一代的子孫繼續爭奪權力，公司利潤受損。家族成員轉向私募股權求援。其中一位投資人在見過一名古馳的後代後非常訝異，他說：「他被親戚控告，股份遭到扣押，甚至沒有控制權！他和親戚之間的內鬥在報紙上鬧得沸沸揚揚[15]。」一直到投資人買下公司（用大砍價的價格），並在管理階層排除家族成員重組後，品牌才重返業界寶座。

前面提到創業者知道這一點時，我在「知道」這個詞語前後加上引號，因為我的研究顯示，有許多創業者還是會讓自己親近的人參與。正因如此，如果我們要安插親人在身邊時，就要先預備好脫困的路。

停一停，想一想

- 你年紀較小時，看到父母（以母親為例）在職場上的狀況，像是帶子女上班的活動中，是否注意到她的行為和在家時不同？
- 她和職場下屬互動時，是否就像在家時對待你和其他兄弟姊妹、她的另一半、她的兄弟姊妹？如果不一樣的話，你覺得為什麼會有這些差異？
- 你自己是否在某些方面的工作和個人行為表現不一樣？你在工作時，態度會較堅持或較不堅持？較願意或較不願意原諒錯誤？

我無意忽略和親朋好友合作的好處，家人是我注重的第一要項。（正是因為注重，讓我們更要避免和他們往來時受到衝擊。）確實，本書的目的之一是，協助讀者減低面對艱難決策、改變、局勢發展的壓力，從而加強和至親的關係。當然，也有許多親友團隊創造傑出成就的例子。我們在努力時讓親朋好友參與其中，總是希望自己是那些成功的例外。不幸地，通常這麼做只會親身體驗到為什麼這些例子是例外。

瑪洛就是讓家人參與的警世故事。不過，儘管和丈夫決裂，但是她讓母親加入公司。瑪洛的母親擔任潔牙師已有三十年，覺得彈性疲乏，想要轉換跑道。如同第八章中會提到的，瑪洛和母親在工作上的安排與丈夫的策略極為不同，這樣的安排比先前失敗的例子效果好上很多。

我們就像瑪洛一樣，希望能把最精華的經驗與在乎的人分享。想和他們分享的動力連同其他因素會造成均分偏見，進而阻礙創辦人與非創辦人。

過度強調平等反而造成失衡

每個人都希望受到公平的對待，不過公平這件事有一個問題，就是我們對它的認知非常主觀，每個人對公平都有不同定義，而這些定義會隨著時間改變。因此，我們會尋求容易衡量的客觀公平指標。常用的指標就是平等分配，我們會找出每個人獲得報酬或承擔責任之間的差異，沒有差異的話就是平等，認為這樣才公平。

舉例來說，如果某位同事的資格和我的一樣，我希望兩人的薪水與福利一模一樣。在判斷雇主是否公平時，我注意的不是自己薪酬的多寡，而是和同事的薪酬是否有差異。如果沒有分別，我就會覺得滿意。

平等一再成為公平的替代，這一點從小時候就開始了。試著回想四歲時的生日派對，你看見餐盤上剩下一個精美的杯子蛋糕，而你和另一個人還沒有分到，這時候你可能會爭搶蛋糕，或是被你的朋友捷足先登。其中一人大喊不公平，可能眼眶還泛淚。大人很快出手處理，並且再次傳頌長久不變的道理：**平分最好**。有人把杯子蛋糕切成兩半，你們各拿一半，解決了問題。（等你們更懂事，身旁沒有大人在時，你們之中會有人把杯子蛋糕切成兩半，讓另一人拿走一半，公平！）大家不會記得杯子蛋糕本身，但是分享的概念會在人生中不斷浮現，最終成為藍圖的一部分，你不會質疑這項假設或觀點。

我們繼續不斷聽聞人們和機構認定要用平等來確保公平，因此這個藍圖變得更穩固。例如，學校實施核心課程與最低專業學科標準，避免有人認為教育有所歧異，並且確保每個學生能學到同樣的內容。這種邏輯中的明顯缺陷時常浮現：老師不認為應該把相同難度的任務交給程度不同的學生、教練不會讓運動員有同樣的上場時間、合唱團裡不會讓每個成員擔任獨唱。然而，大家卻普遍認為平等是公平的要素，因此認為這是理想狀態，並把這個概念套用到生活中的各個層面。我們與同儕在工作或其他課外活動組成的委員會裡，平等的意念非常強烈。我們常說：「我們共同參與其中，最好每個人都以平等的身分做出每項決策。」原則上一人一票，票票等值，這就是公平。

創辦人經常體驗到這個強制的意念，秉持著「人人為我，我為人人」的精神，希望能夠建立平等的團隊。共同創辦人在團隊中都得到高階人員的頭銜，人人都是「某某長」，就算裡面有一位是執行長，應該比其他主管有更多的分量，但團隊之中還是採用集體決策的原則，並且以「每位創辦人一票」、大家一致同意或多數決的方式實行平等。所有的共同創辦人都要參與每項重要決策，這樣的團隊可能注重角色平等，因此平分報酬，讓每個人持有等量的股權（可以參見第六章討論的三R概念）。

這會在常見的兩人創辦團隊中發生問題。在我的資料庫中，有近四〇％的團隊是由兩人組成[16]。如果兩位創辦人的意見不同，重視平等的團隊要怎麼解決在決策上一比一的僵局？還有婚姻中的雙方要如何解決一比一的僵局，而不會造成緊張關係？

雙頭馬車造成僵局

就算對領導大公司的人而言，平等的強制意念也可能造成問題。研究學者萊恩・克羅斯（Ryan Krause）、理查德・普里姆（Richard Priem）及李歐納・樂芙（Leonard Love）調查公開交易的美國公司，發現有七十一家公司是由兩人長期共享執行長頭銜[17]，這種安排存在於各家公司，包含全食超市、IMAX和Bed Bath & Beyond。這些研究學者發現，有些共同執行長確實是以平等身分形成夥伴關係，但也有些雖然頭銜相同，卻有不同的分配，他們決定檢視這些不同安排帶來的績效差異。

共同執行長的影響力相同時，公司績效〔本案例中，用來衡量的基準是股東權益報酬率（Return on Equity, ROE）〕是略微負值，均分權力的公司「受權力角力所拖累」；而共同執行長影響力差異大的公司，公司績效大幅提升到二四三％；當共同執行長影響力差距拉到更大時，公司績效又降到二〇九％。在極端情況下，掌握權力差異過大，會造成不信任與溝通失和，但是就算如此，績效仍大幅優於績效為負值的均分情形。研究中，研究學者引述法國管理理論先驅亨利・費堯（Henri Fayol）所說的話：「雙頭之身無論在社會上或動物界裡都被視為怪物，而且會遇到生存危機[18]。」有單一一個目標明確的頭會比擁有兩個意見相悖的頭共享權力來得好。

平等的強制意念在日常生活中可能更強烈。如果你已婚又住在美國，和過去幾十年相比，更有可能必須和配偶共同負責養家賺錢的責任。美國人口普查資料調查男主外，女主內的「傳統」安排，和夫妻兩人都有全職工作的「均分」安排之家戶數量。在一九七六年到二〇一三年間，兩者的比例有了變化：傳統婚姻的比例從原本的二六％降到一七％，而均分婚姻則是從一七％上升到二九％[19]。

撰寫《問題不在你，而在要洗的碗盤》（*It's Not You, It's the Dishes*）一書的記者寶拉・舒可蔓（Paula Szuchman），描述採用這種均分模式的夫婦艾瑞克和南西。「他們會說：『上次是我洗衣服，這次換你了。』他們在廚房放著長篇記錄家事日誌，確保兩人做的事一樣多。一人煮晚餐時，另一人之後也要這麼做。朋友很訝異兩人能夠打破刻板印象：**艾瑞克懂得怎麼使用除塵拖把！南西給他真大的空間**[20]**！**從表現上看來，他們是完美的均分責任夫婦。

但是，艾瑞克和南西的故事中有一個問題，就是他們並不快樂。他們要不斷地更新家事日誌，並且一再指派工作。有一晚，艾瑞克切著洋蔥，準備烹煮摩洛哥燉羊肉，他看到南西在看電視，心裡默默想著：『她都只會煮焗烤通心麵，我到底為什麼要大費周章地烹煮這麼高級的大餐？』南西喜歡遛狗，而艾瑞克非常抗拒清理狗大便，但是南西不願意每天負責遛狗，因為她害怕「工時」會比艾瑞克來得多。他們之間的互動充滿這類矛盾，因此讓家事安排難以持久[21]。

不計較短期的努力與回報，著重長期的付出和貢獻

賓州州立大學（Pennsylvania State University）社會學家史黛西．羅婕絲（Stacy Rogers）發現，與共同執行長的情形相似，雙薪家庭中夫妻收入最相近者，婚姻穩定度**最低**。事實上，其中一人賺的錢在家庭收入占七成時離婚率最低；而夫妻之間的經濟貢獻幾乎差不多時，離婚的風險最高。（羅婕絲表示這時候雙方的義務最低。）她認為，均分責任的夫妻最會計較誰在家做哪些事，就像上述提到艾瑞克和南西的例子，讓他們要經常協調，以維持雙方的工作相等，而這種不斷計較的行為會加重緊張氣氛。對兩人之間財務貢獻差異大的夫妻而言，較不需要記錄其他生活方面的工作分配[22]。

還記得在前言中提到學生大衛激發我撰寫本書嗎？大衛發現，想要追求平等的念頭會阻礙婚姻中的決策。大衛和新婚妻子間遇到平等關係的拉扯，雙方都想像理想婚姻是兩個平等的人共有的夥伴關係，輪流做家事，並且一起做關鍵決策。從好的方面來想，每當妻子看起來做得比較多時，大衛也覺得自己需要多做一些。然而，有時另一半做的事情似乎較少，或是兩人都要做自己不喜歡或不拿手的事，就會因此產生負面感受。這種安排也讓他們要討論的事情比預期中來得多，而且兩人意見相左時，就會遇到僵持不下的狀況。

有時候，要追求平等的想法，會導致兩人做出一連串的決策，暫時滿足其中一人，接著滿足另一人，然後又要滿足第一個人，一直沒完沒了，就像鐘擺般左右晃動，夫妻間無法取得平衡與平靜。例如，我的學生安琪拉在大學畢業後，決定接下紐約的一份工作，而歐洲籍男友已在歐洲得到夢想中的工作機會，因此感到左右為難。為了不和安琪拉分離，男友也在紐約求職，但卻很難找到願意幫他辦理簽證的公司，因此花費將近一年才找到工作，而且不如先前放棄的那份工作來得讓他興奮，但是至少這份工作符合他的背景，還能讓他和女友待在同一座城市。

既然男友做出犧牲，安琪拉也因為要回報對方而備感壓力，她覺得男友會「預期我也要在兩人生活的重要下一步驟中做出妥協」，像是搬到歐洲或英國，而要在那邊找工作對她的職涯發展可能較為不利。

即使我們相信長期以來每個人付出的努力和貢獻會打平，但還是會計較短期內努力與回報的差異。一位結婚數年的學生對我說：「我和妻子有時候提到，我們因為家事分工不均而感到不愉快，就算有一人說這是因為情況特殊，像是『我最近比較忙』，也難以解決問題，人往往還是會因為不公平感到不滿。」

維持平等的期望，衍生對彼此的質疑

在新創團隊裡也會發生這種情況，因為每位創辦人的任務重要性也會有變化。例如，線上投資人網絡 UpDown 由三人創辦：商業創辦人麥可與喬治，以及技術創辦人福克。團隊同意除了多分一點報酬給發想的麥可外，股權由三人平分。當麥可接連幾週要記錄顧客的需求時，福克沒有什麼事可做。雖然麥可和喬治了解情況，也知道福克遲早會多做一些事，但兩人看到福克貢獻較少時，還是會發牢騷。（因為要顧及家庭，喬治也較少能在事業上多付出。）麥可開始質疑另外兩位共同創辦人，他對我說：「我有點害怕和他們共事的決定是不是錯了，因為他們目前的付出和工作負荷不如我來得多！」這些矛盾讓麥可向喬治與福克提出重新分配股權，大幅削減福克的比例（以及小幅降低喬治的比例），因此爆發福克感到不受尊重而想要離開的危機，但是麥可說出重話，表示如果不調整股權，就不會繼續這項企畫。

夫妻之間起初可能並未留意，但是想要維持平等的期望會長期存在，因而可能危及兩人的感情。史丹佛大學社會學者布魯克·康羅伊·巴斯（Brooke Conroy Bass）發現，結婚的夫婦想要均分家務，但是等到第一個小孩出生後就不一樣了[23]，這時候女性負起較多撫養孩子的責任，因此分工無法繼續維持平均。所謂的強勢母親希望依照特定方式照顧小孩，不容父親發言，因此父親通常會不甘願地退出養育工作，雖然女性要求有更多的控制權，但是心裡卻對此感到不滿，雙方都認為狀況不符期待。產後四個月，母親對關係滿意度大幅下降，覺得更沮喪[24]。

平等議題中有著既深且廣的模糊性，不得不承認，平分報酬和責任能帶來好處，藉由提高參與度，因此帶來動力，並吸引更好的投入。此外，知道彼此平等會讓人覺得心安。平分帳單、遛狗工作，或是出售和鄰居一起購買的鏟雪機所得，我們會感到放心而沒有懸念。但是，如同我們看見的，追求平等可能會帶來與預期恰恰相反的結果，因此要知道如何將創辦人的最佳做法運用到這個生活層面。

停一停，想一想

- 你是否在某項投入活動中，試圖平分角色、報酬或責任？例如，發起慈善企畫、翻修房屋或籌組樂團時，你是否和夥伴均分工作？
- 因為重視平等，是否讓你特別注意誰在什麼時候做了什麼？這種行為能帶來效益，或是引起不必要的衝突？
- 你是否曾停下來詢問自己，你會尋求均分工作還是公平性？
- 如果是後者，除了嚴格分配等量工作外，還有什麼辦法可以達到公平？

第八章 擺脫家庭和平等的羈絆

創業者和大眾的關係複雜，從一方面來看，大眾對他們的成敗至關重要，而創業者也曉得這一點，沒有潛在買主，就沒有新創公司，他們隨時要把大眾的意見放在心上。想創業的人常常多年來努力預測大眾的渴求——消費界願意為了什麼買單，以及特定市場可能會想要什麼產品，即使市場本身可能還不知道自己想要這些產品。

從另一方面來看，許多創業者會自動規避群眾心理，即使他們對大眾的想法產生獨到的理解，但這並不表示他們和眾人有著同樣的情感傾向、觀點或慣有想法，事實上正好相反。如同本書不斷提及與本章特別要強調的，成功的創辦人能快速辨識並杜絕群眾的普遍想法。實際上，逆向思考的創業者會把這種有別於群眾的傾向視為在創業界裡的優勢，他們會和親朋好友保持適當距離，並在分擔任務、風險及報酬時避免嚴格均分。

避免受到人際關係蒙蔽

最讓人難以應付的親友關係，就是事業和私人關係有重疊之處，而兩者的關係不一致或相互衝突。瑪洛讓丈夫成為她在 ProLab 的直屬部下時，這項事業上的關係和現有的夫妻對等關係有所不同。瑪洛原本希望讓丈夫加入公司，能夠幫助事業與家庭。然而，她同時因為自願與非自願的原因，無視其中的風險，並未預期到丈夫在職場和家裡的行為會有所不同。她避談工作問題，因為擔心會危害婚姻關係，也沒有採取避免工作不順利時，會對個人關係造成影響的行動，結果不僅造成兩人以離婚收場，還危害到 ProLab。

雖然瑪洛和丈夫決裂，但她仍讓母親加入公司。瑪洛的母親長期擔任潔牙師，想要轉換跑道[1]。讓母親加入企業，可能帶來更大的風險，從一方面來說，她們之間的母女關係和新的雇主與員工關係完全衝突。

瑪洛不是公司的創辦人，而是早期受僱，在無預期下接任領導者的角色，但是自從她接任執行長後，就必須採取創辦人的思考方式。ProLab 創立不久，又面對許多新創公司早期會遇到的不確定因素。所幸，瑪洛聘僱母親的方法和聘用丈夫時截然不同。她這麼做的同時，能減輕下險棋而遭殃的可能性。瑪洛的方法展現幾項最佳做法，也能避免我們惹禍上身。

試探親朋好友，更甚於陌生人

瑪洛一開始聘用母親擔任兼職人員，因為母親在病患報表和牙科管理方面有經驗，所以在公司率先取得的工作是場所稽核員，負責拜訪客戶，並審查對方的病歷，以確保和 ProLab 的紀錄吻合。時間一久，瑪洛確認母親「負責、有豐富經驗又非常平易近人，能給予關愛與付出，可以放心交付待辦事項[2]」。

於是，瑪洛能評估雙方之間的關係是否禁得起專業上的挑戰，她堅持支付母親「公平的薪水，絕對不多出相同職位可以給付的薪資」。母親說：「我一開始覺得有些難受，她明知道我想要多一點薪水，而我也會想：『我不配得到加薪嗎？』但是我並未心懷不滿。為了公平起見，她確實不能特別優待，付給我較多的薪水。」在經過一年多的「試探」，並觀察母親確實能應付失望情緒和敏感議題後，瑪洛正式聘僱母親擔任全職員工[3]。

瑪洛學到兩件重要的事。第一，人們很容易受到不對親人嚴加觀察的誘惑。畢竟，我們都已經「認識」親人了，要對他們存疑很困難，而且一有懷疑，最後可能要拒絕對方，會讓對方覺得受傷。因此，要和親近的人合作時，我們較容易篤定認可合作關係，而不是謹慎評估。

第二，瑪洛明瞭如果忽視早期的挑戰，會讓之後的路更不好走。所以，她對母親的謹慎態度不亞於對待陌生人的應對方式，也確保在聘僱之初就面對應有的挑戰。

設立流程來一步步評估母親的人不是只有瑪洛，在讓最要好的朋友加入團隊前，許多有效的創業者都會先行「試探」，評估對方是否符合資格，以及能否和其他人的能力互補。蓋瑞特．坎普（Garrett Camp）某天在舊金山招不到計程車，後來在巴黎暴風雪的夜晚又是如此，於是他想出利用智慧型手機的服務，把司機與乘客加以媒合。坎普開始和許多人討論這個想法，其中有四人成為他的個人顧問團成員，包括提摩西．費里斯（Tim Ferriss），他是坎普先前所待的新創公司StumbleUpon的投資人，曾多次創辦公司，近期推出一本暢銷書《一週工作四小時：擺脫朝九晚五的窮忙生活，晉身「新富族」！》（*The 4 Hour Workweek*）；還有坎普新認識的朋友崔維斯．卡拉尼克（Travis Kalanick），他發現「卡拉尼克是最佳創意發想的夥伴」，並且開始加深兩人的關係[4]。卡拉尼克成為在公司持股一〇%的活躍顧問，而後變成兼職員工，接著變成全職團隊成員，最後成為世界上最有價值的新創公司Uber的幕後推手（直到幾年後，他的管理作風出現問題，才因此被迫退出），這種循序漸進的安排，讓創業者知道在安排親朋好友參與前，自己在哪些方面是否會被對他們的預設所蒙蔽。

此外，為了因應在試探過程中發現的問題，成功創業人在提供工作職缺時，會盡可能安排保有退路的做法。與其讓新人直接投入一項活動，他傾向先在一項企畫上設定時限、清楚的評估方式，以及具體的退場方式。例如，創辦人可能會設立兩個月的評估期，而不是預期這位親友會持續參與。你可以在潛在的合作關係中採用類似安排，是否有一個明確定義的子企劃能讓你推動進展？是否能給予明確的結束日期？可以的話，為你們要共同參與的這個子企畫設立明確的期望，結束時可以一起評估合作中的利弊，並給予對方改進的回饋意見，決定是否再嘗試下一個計畫。在這個子企畫完成之際，你們就能更了解對方的優缺點，會比靠著自己無憑無據的希望來得有效。這麼一來，如果需要終結合作，早點收場也會比較輕鬆，而且較有可能避免雙方的私交在後續合作中受到無法復原的傷害。

驗收衡量事情進度，討論改進

父母的三十週年結婚紀念日即將到來，你和兄弟姊妹想為他們舉辦一場盛大的驚喜派對。妹妹很想主導活動，但是其他人懷疑她能否一手處理好餐點、慶祝會場、花卉擺設、「你們的共同生活」幻燈片、樂隊、賓客邀請名單及邀請函。你們一起建立逐步流程，因此能看到在妹妹的帶領下，事情安排的進展，如果有需要的話，就能盡早做出更動。計畫中由妹妹負責取得三家餐點和慶祝會場廠商的估價，而其他人則處理剩餘事項，大家排定兩週後驗收。

驗收會議中，為了衡量事情進展，列出初始階段遇到的三項意外或挑戰。在會議裡討論這些事項後，接著一起看看要如何因應這些挑戰，還有衡量共同合作能否克服潛在的問題。舉例來說，要是妹妹取得三家廠商的估價，但是遺漏一項重要細節，像是訂單中媽媽最愛的核桃可頌餅去哪裡了？在驗收時就能針對檢核項目的價值進行圓滑討論；妹妹也能同樣圓融地指出，在聯絡父母的大學同學時，你和哥哥忘記一併取得電子郵件了。了解彼此的優缺點，並且看看是否每個人都能接受批評，並加以改進，接著你們就可以一起決定妹妹能否肩負更多的任務，如果這時候她還願意這麼做的話。妹妹可以選擇在另一段時限內完成其他任務事項，像是試聽樂隊表演，同時你和哥哥則開始蒐集製作幻燈片的照片，還有蒐集父母大學同學的電子郵件！

讓妹妹試聽樂隊表演是一個好計畫，除非她是音痴。角色和優勢間無法配合的話，會讓人表現不佳，而危害到企畫案（或甚至是結婚週年派對），並且可能因此傷害彼此的感情。

強摘的瓜不甜，不適合就不要勉強

如同組織心理學家大衛．賈維奇（David Javitch）觀察：「最容易危及信任因素的就是能力不足[5]。」因為安排的職位不適合，致使親人的表現不佳，可能會讓你輕視親人犯下的錯誤（危害投入活動），或是讓你過度批判親人的表現（危害珍貴的感情），這兩種情況都會引起麻煩而造成傷害。

舉例來說，雖然瑪洛的丈夫擅長資訊科技，但是讓他擔任 ProLab 財務長，公司因而欠下兩百萬美元的債務，造成信用額度不足，差點破產。當 ProLab 面對瑪洛丈夫無法解決的財務問題時，這些難處讓兩人在公司的關係破局，也造成在公司外的關係失和。

相對地，瑪洛堅決不讓母親擔任不適合的職位，或是會為公司帶來負面壓力的職位，她的母親剛開始取得的職位是基於過去數十年的病歷經驗，接著希望獲得公司內尚未設立或當下無法取得的職務。瑪洛對抗直覺，並未屈服，告訴母親：「我敬愛您，但是不能幫您安插職位。」另外，有一次瑪洛也同意母親提出的職務對公司應該「還算不錯」，但是仔細想想後卻決定拒絕，她說：「這不符合經濟效益，恕我無法答應。」每一次母女都靠著雙方的正向關係而能安然度過。瑪洛觀察後表示：「母親尊重我的決定，我們也不會因此而有不好的感覺[6]。」

這些對話可能並不容易，尤其是對感情很好的母女而言。不過，如果一開始不合適，你們意見不同的狀況就會越來越多，也會越來越嚴重，從小吵變成大吵，大吵變成大戰。針對克服艱難對話訓練的能耐，不免會遇上更辛苦的奮鬥。就算你相信職位適合，也不要掉以輕心，考量有哪些潛在的落差，並且思考要如何預先準備，確保事業和私人方面不會遭到危害。

設立防火牆，準備災難應對計畫

即使剛開始職位安排看似適合，也要避免戴著美化的眼鏡來看事情，而要像在為反脆弱準備一般，先設想可能會出現的負面情況，以及應對各種情況成真時採取的必要行動。例如，要是談不攏時由誰說了算？在極端狀況中，如果遇到僵持不下的情形，誰要離開這個企畫？如果你們在家爭吵，一同進入公司時能避免受到私人情緒影響嗎？如果你們在公司不合，能夠避免涉及私人關係嗎？

Sittercity可以提供典範，該公司是媒合需要人幫忙照顧小孩的父母和保姆的線上服務先驅，由吉納維芙．蒂爾思（Genevieve Thiers）創立，她把當時的男友丹．拉特納（Dan Ratner）拉入團隊擔任技術主管，這組創業情侶檔為我們提供最佳做法的參考。

首先是兩人展開合作的心態，拉特納告訴我，他們不打算著眼於理想狀態，而是「預備好面對艱困的開始，先準備好應對災難計畫」。根據這個計畫，如果兩人的感情結束，或是一起合作會有困難，拉特納就會離開公司。他們說得很清楚：「這是蒂爾思的企業，我是來幫忙她的。」（兩人結婚時，災難應對計畫則是體現在婚前協議上。）

為了處理每天的分歧意見，蒂爾思和拉特納發展出所謂的日內瓦公約*（而在他們的情況中，應該要改稱「吉納維芙公約」）：兩人意見相左時，應該以書面記錄下來，並傳送給整個執行團隊。我們在談論這個議題時，拉特納反思這個做法的效果：「這迫使我們要讓其他人參與，並且專注問題本身，而不是我們個人。」類似地，山姆．普羅哈茲克（Sam Prochazka）和雙胞胎兄弟共同創業，他堅持從一開始就用白紙黑字寫清楚一切：「握手就能當作協議，聽起來很吸引人，但是隱藏著不同的詮釋空間和災難的可能[7]。」

在計畫上合作，需要雙方都同意。用正式程序進行，可以把細節交代得更清楚。在實行時讓其他人參與，就能提升強制性和明確度。

對親友與員工一視同仁，拒絕差別對待

在ProLab，瑪洛一開始是母親的直屬主管，這讓兩人之間在職位和薪資上的對談顯得緊張。後來等到公司擴大後，瑪洛的母親轉由另一位經理管理。瑪洛覺得「她不是我直屬部下時，讓我的感覺好多了」，母親也同意「事情更順利了」[8]。

從那時開始，瑪洛在整家公司的結構上設立防火牆，把自己聘用的近親指派給其他主管。（以我自身為例，女兒在夏季時為我準備教材，我要她向研究助理回報，而不是找我，她受到助理

指導的表現好多了！）在員工方面，瑪洛表示：「我很直截了當地說：『你不是在我的手下工作，是你的經理決定聘用和解僱，他們決定薪資，也決定你工作的一切……。不要叫我介入，遇到問題不要找我，不要牽涉到我，我不想知道。』」

在經理方面，瑪洛要求經理對這些員工一視同仁，並用人力資源政策和規定加以約束，甚至在需要時用來解僱。如果瑪洛覺得有經理對待她的親戚時態度猶疑，就會對他們說：「你要做自己該做的事……，你要讓他們離開。」瑪洛也在公司貫徹一項正式政策：如果ProLab內有人踰矩，就會收到關於這個負面事件的詳細描述，包含出了什麼錯，以及這個人在事件中扮演的角色。瑪洛謹守這個規範，不希望任何一次妥協帶來負面後果。她說：「我從來沒有因為對方是我的家人而出面挽留。」

這些防火牆也用於ProLab的經理之間。瑪洛有兩名實驗室主管原本是好友，後來合作後發生爭執，接著爭吵越演越烈，於是她決定盡快在德州奧斯汀（Austin）開設新實驗室，並指派其中一名主管過去，把另一位主管留在達拉斯（Dallas）的實驗室，這道防火牆把兩人分隔數百英尺遠。

＊譯注：日內瓦公約（Geneva Convention）於一八六四年至一九四九年在瑞士日內瓦締結，是用以保護平民與戰爭受難者的一系列國際公約。日內瓦英文拼音和吉納維芙相近。

在Sittercity，根據災難應變計畫，要是兩人在合作時產生問題，拉特納就要離開企業；而在ProLab，瑪洛使用較間接但更客觀的方式來維持決策權，一開始創辦人持有五一％的股份，而她握有四九％，這時候她注意到創辦人因此鞏固了控制權。當創辦人開始慢慢抽離企業，將股份賣給新合夥人時，瑪洛買下另外二％的股份，共取得五一％的股份，如果遇到意見分歧時，她擁有半數以上的股權就能解決爭議。不久後，ProLab創辦人意外辭世，瑪洛成為組織的領導者。當團隊中出現不同意見時，瑪洛擁有的過半數股權就能打破僵局，這都要歸功於她事先為災害應變做好準備。

瑪洛注意到母親很想學習，經常在下班後想要繼續討論公事，因此讓事業和家庭的界線變得模糊。母親說道：「比起找其他員工說話，我比較想找瑪洛談談。」這讓瑪洛又加強另一道防火牆：下午五點以後禁止談論公事。她們同意除非是緊急狀況，否則在家絕對不談公事。如同母親解釋道：「我們希望保持母女關係。」

從結構上著手，嚴格規範把私人關係抽離專業，一開始有些令人難以忍受，但是卻能有效緩解惹禍上身的主要風險，並且避免一方面的問題蔓延到另一方面。然而，還有第二大風險，就是避談顯而易見的問題，一廂情願地希望問題會自動消失。有時我們能自行解決風險，但是有時候也需要外界的人幫忙。

參與艱難的對話，加入第三方幫助協調

瑪洛和丈夫避談艱難的對話，擔心這樣會傷害到他們的私人關係。相反地，瑪洛說在母親加入前，「我們進行很直接明白的對話，講清楚公歸公、私歸私」，母親覺得自己「能區分這兩件事」，但是這種想法往往在受到考驗後會崩盤。所幸，瑪洛和母親盡早就檢驗了這件事，要是母親犯錯，瑪洛就會對她說：「媽，這樣是行不通的[9]！」

對母親而言，接受女兒給予的回饋並加以改進是不容易的事，她說：「瑪洛第一次給我建議時，我哭著心想：『女兒對我感到失望！』我不想讓她失望。我以她為榮，也希望她能以我為榮。但是在我們談過這件事後，說道：『我們必須轉換做法，如果要共事就不能帶入私人感情。』沒錯，我們是母女，但這裡要談的是工作上的關係[10]。」

有時候需要第三方幫助你克制避談這些敏感話題的天性，請來從旁協助的人，應該能尊重合作關係中的兩方、了解可能發生的問題，並讓雙方正視積極處理問題的需求。如果你和兄弟姊妹考慮分時共享渡假屋，可以委請在這方面有經驗的共同朋友，這麼做就能借助對方過去的經驗，以及對雙方不偏頗的立場；如果你和手足合買籃球隊比賽或管絃樂團表演的季票，但是不好分配票券，可以請兩人都喜愛的叔叔幫忙。組織心理學家賈維奇如此描述：「把權力交給你

信任的人，包含親人，讓他們介入以避免非理性的正、反面情緒所導致的行為[11]。」第三方也能盡早在過程中扮演重要角色，讓你不得不正視負面的可能情境，並且思考潛在的災難應變計畫。如果你遇到模糊不清的情況，需要有人幫忙做決定，或是已經做好隔離的防火牆，但是擔心雙方都無法好好執行，這時候公正的裁判就能發揮用處。

例如，有位創辦人暨執行長在旗下的中國公司聘僱自己的兒子。後來，父親把兒子晉升到組織裡的重要職位，直接在他的手下做事。不幸地，兩人的看法不一致，父親哀嘆道：「他說我的管理方式不好，要用新的方法來管理生產流程。我第一個想到的念頭是：『你還光著屁股到處跑時，是我幫你換尿布的，現在你居然想要告訴我怎麼做才對！』」結果他們找來創辦人的妻子當中間人，並且嚴格採用在家不談公事的禁令，避免工作上的挑戰會蔓延到家庭領域[12]。

讓我們避談艱難對話的一項重要因素，在於低估這會造成的傷害。舉例來說，溝通研究學者大衛．基廷（David Keating）博士與同事研究家庭中的溝通。在開始艱難的對話之前，受訪者多數會擔心負面後果，但是完成對話後，七六．五%的人反應有正面結果，包含強化家庭關係；提升信任、理解與開放的溝通；以及個人的快樂和滿足[13]。成功完成艱難對話可以形成更強健的關係，並幫助我們培養面對重要議題凝重氣氛的「能耐」。更了解艱難對話的優點，能讓我們用更有效益的方式進行。

別小看創業夫妻檔的成功可能

我在創投業工作之初，公司投資的範圍非常廣泛，網羅各種可能性，但卻排除創業夫妻檔（包含尚未結婚的情侶檔）主導的活動，因為公司已經嘗到投資情侶組合的苦果，因此立下規定：「拒絕創業夫妻檔！」我注意到有許多創投公司也基於類似原因，下達一樣的指令。

在我離開公司幾年後，深入研究創辦人，了解拒絕創業夫妻檔的規則是大錯特錯。確實有些夫婦未經規劃就開始創業，但是沒有親屬關係的人也可能會那麼做。我很欽佩一些掌握要領的創業夫妻檔，他們知道這麼做會有風險，因此設定一些這裡提到的機制來消除風險。事實上，完善的創業夫妻團隊可能提供最佳投資機會，不過即使他們為人生中的挑戰做好十足的準備，卻還是常被拒於門外。

本書稱頌的成功人士能主動擺脫枷鎖、克制熱情、利用失敗，並為成功隱含的危害做準備，同時重新設想藍圖、避免因為貪戀舒適圈而物以類聚，懂得解套的夫妻檔應該值得和這些人獲得同樣的掌聲。

最後要看的就是，最佳創辦人抗拒的強烈意念：平均分配。

抗拒平等的誘惑

許多人一開始會對創業夥伴說道：「既然我們共同打拚，最好以平等的身分來做每項決定。」希望能平衡共同事業中每個人的職責與貢獻。

我稱呼這種方法為**永無島模式**（Neverland model），永無島就是小飛俠彼得潘（Peter Pan）的家，在那裡沒有任何大人控管小孩。嚴格實行平等主義有一個顯而易見的好處，就是能夠具有彈性，以及讓團隊集思廣益。不過，如果每項決定都要討論，只會拖慢創辦人的腳步，讓他們無法迅速行動以掌握機會。因此會出現矛盾並陷入僵局，這種情況又以兩人創辦團隊最明顯[14]。

用均分的方式處理報酬更是困難，有四分之三的創辦團隊會在一個月內分配好股權[15]，當時新創公司的未來還不明朗，共同創辦人很可能會草率決定為五五均分，也經常是「握手講定」。這種早期分配的情況，在社會、法律及稅務方面都是事後很難修正的錯誤，因而長期困擾著創辦人。你可能已經看過一個例子，就是獲獎電影《社群網戰》的故事，祖克伯把臉書的股權分給一位共同創辦人，後來他開除對方，並且追討股權，但是這時候要修正早期犯下的錯誤已經於事無補。此外，雖然臉書在快速握手講定後表現良好，但是根據我的資料指出，有許多這麼做的公司績效會比分配方式較不均的公司來得差，而導致「握手惹禍」的結果。在第一次融資時，**如果其他條件不變**，快速握手協定的團隊取得的公司估值，會比克服這種意念的團隊少了近五十萬美元[16]。

因為這些理由，有許多創業者逐漸發展出對嚴格均分的警覺。這並不是說我們不用顧及公平性，他們建立不成文的方針來遵循公平原則，但不見得是用均分的方式。這些方針包含設立迷你宙斯制（mini-Zeuses），積極安排能打破僵局的決策方式，著眼於長期發展，而非便宜行事，讓團隊成員能輪番上陣。如同目前已看見的，共同創辦的夥伴關係和私人關係常常可以相互比擬，但是在平等方面，這兩個層面尤其相似。

設立迷你宙斯制，清楚劃分職責

在希臘神話中，奧林帕斯山只有一位主神「宙斯」，他是做決策的絕對權威，但是這種安排對決策而言會有很大的風險，也較難順利維持關係。另一方面，永無島模式容易讓決策卡關，或是較可能需要採用最小公倍數方式應付大家的需求。一種替代的方式是，實行迷你宙斯制，這種辦法在新創公司和伴侶間都很有效。先清楚劃分職責範圍，再將每個領域分給專長或興趣符合的人選，並在該領域內讓此人全權負責，避免其他人越俎代庖，這種迷你宙斯的結構可常在穩定的團隊中見到。

艾麗笙和約翰是只要同住就會吵架的伴侶，他們用分區的方法來避免爭執。兩人長期爭吵的項目之一是，妻子對於幫忙收拾東西感到厭煩，而丈夫討厭妻子一直嘮叨他要自己收拾乾淨。他們不想離婚，但是一直吵架也不是辦法，所以想到一個有創意的解決方式：購買一間分區的房子，讓兩人有各自的生活空間。艾麗笙回想道：「這樣的居住安排真的幫了大忙。」兩人分開烹煮和清理，但是一起用餐，不再像之前為了誰該做什麼事而爭執不休。這時候，雙方為自己該做的事負責，對兩人來說，這項新的安排讓他們回到談戀愛時的感覺[17]。

迷你宙斯結構也可以在潘朵拉電台裡看見，其中由韋斯特格倫擔任音樂教父，克拉夫特當資深創業執行者，格拉澤則是技術奇才。這個團隊中清楚界定出三個領域：音樂、企業、科技，並分別由三人各司其職。每位小宙斯都能在自己的領域裡決定人事安排。韋斯特格倫決定建立音樂編目，克拉夫特決定財務策略，格拉澤則做出產品架構的策略[18]。

潘朵拉團隊從一開始就能清楚分工。然而，如果當初韋斯特格倫服膺趨同性，而和另一名音樂人一同開創事業，就會因為專長重疊，而無法順利分工，團隊也會因為無法在決策上有清楚的分野，難以採用迷你宙斯結構。有清楚的專業知識對應到負責的專業領域，讓潘朵拉電台得以實行該結構。

這個方法也可以運用到其他方面，像是第七章描述學生大衛的情境。他要和新婚妻子解決問題。我會對他說：到目前為止，你們都把職責對半均分，但是其實應該依照各自的專長來界定清楚的領域，並讓兩者相互配合。如果你們發現兩人的長處相同，就再用第二個類型細分共同優勢，檢視你們較喜歡或至少不排斥做哪些事？盡量多用第二個類型區分出多個領域，剩下的領域中，看看哪些是兩人都不擅長或討厭的事？能否將這些外包給其他擅長的人幫忙？把各領域安排好或外包後，回頭看看哪些領域是夫妻要負責的。如果明顯分配不均，再利用分配剩下的工作調整平衡。

例如，你和妻子要處理家務帳目、煮飯及清潔。妻子很會算帳，也喜歡負責這項工作，這個領域就可以交給她；你的廚藝好，就負責採買食材和料理；你們都不喜歡清潔，而公寓大廈有清潔服務，即可考慮採用這項服務。

簡言之，遇到雙方有差異時，不要什麼都透過平分來掩蓋或忽視問題，而是要好好應對這些差別，這樣更能處理好預算編列和投資，讓餐桌上能端上好菜，還有保持清潔，而不是每週爭論誰該拖廚房地板。

接著會遇到的最大問題在於，問題**橫跨**不同領域的情形。如果你們無法取得如何繼續的共識，就會在決策上出現僵局，這時候需要運用破除僵局法加以突破。

積極破除僵局的可行方法

創辦團隊由兩人組成的情形很常見，就像是我資料庫中將近四成的情形，另外一二%是四人創業團隊，所以幾乎有一半的創業團隊人數是偶數[19]。在這些團隊與夫妻關係中，票數平手時會增加衝突，並拖垮決策流程，如何突破這種困境？

創辦團隊中，如果也是均分股權，就會讓各執一方的情形更僵持不下。一個打破僵持情形的方法，就是分配股權時不均分，或是只讓一名創辦人能在董事會取得席次。當夫妻出現分歧時，可以請第三方解決問題，由一位公正、了解事態且受夫妻共同敬重的導師來扮演這個角色，或甚至是請對兩人有偏私而對事情了解不完全的孩子幫忙。有對夫婦每當決定不了要到哪一家餐廳用餐時，就會參考籃球換邊控球的方法輪流決定。第七章的創業雙人組對於把祕書安置在哪一間辦公室有爭議，結果就是用丟硬幣來決定的。

無論你用哪一個方法，關鍵在於遇到僵局前要先決定流程。盡早決定突破方法，能讓你鍛鍊化解衝突的能耐，讓你更能為多生一胎或搬遷等重大決策做好準備——需要跨領域知識的決策不容易事後改正，會影響整個家庭。

長期思考以免卡關

對抗平等強制意念的另一個關鍵，在於著眼長期狀況，而不是輕易以現狀來判斷行事。與其在不確定性高的早期決定角色，講求效果的創業者會努力讓職責保持彈性變化。他們不會一下子就要求貢獻平等，因為知道即使當下可以取得平衡，但是在新創公司成長的過程裡，這個平衡也會慢慢傾斜。而後，隨著企業演進，他們在觀察人員貢獻時，也會設立檢核點，藉此分派角色和報酬。

UpDown 創辦團隊想要為投資人發展社交網絡。商業創辦人麥可發現，雖然講好均分股權，但是他的貢獻遠高於技術創辦人福克，彼此之間因而出現矛盾。福克表示，這是因為其他創辦人要先設定規範，他才有辦法開發系統，他也對我說：「雖然在特定時期裡，有些創辦人付出的心力會比較多，但每個人長期的貢獻才是重點……，在建構網站這件事上，我的任務最重要，也會有好一陣子花費最多的時間！」

回到我的學生大衛，我會向他建議：如果你覺得受制於平等，就要著眼於長期的平等，體認在特定時期中可能必須負擔較多，而不是在每個階段裡都能平等分配責任。不要計較短期的付出多少，要看長期的分配。在另一半遇到艱困時期而難以貢獻心力時，多多支持對方，因為你自己也會遇到心力交瘁的黑暗時期，而對方也會為你這麼做。避免第七章提到的鐘擺式平等、輪流犧牲，不要像安琪拉和男友那樣一來一往地換工作，而是要雙方一同達到平衡與平靜，必要時有一方暫時承擔較多。

事實上，安琪拉告訴我，她發現男友不見得想要她回報，而是希望「看到我珍惜他為我的付出」，這是體認到平等是達成和諧目的的手段之一，以及珍惜之情對建立公平氣氛很有用處。

一旦你掌握長期的節奏，並養成在自己遇到困難時，感激夥伴奮力付出的習慣，就能運用較進階的方法，像是輪流上陣的輪班團隊模式，許多創辦團隊都採行這種方法，也有不少夫妻利用這種方法安排互補的行程。

輪班團隊模式讓彼此都能投入貢獻

地理區隔上的挑戰，常讓創業者想出特殊的問題管理方式。我知道一些新創公司的創辦人分散在矽谷、印度或以色列等地，並且常常是在不同時區。某些案例裡，創辦人在一天結束之際，會把工作交棒給一天才剛開始的共同創辦人。例如，負責線上工作流程的新創公司行銷團隊Zapier，除了曼谷外，還分布在美國其他不同時區的四個城市裡。團隊成員馬修・格威（Matthew Guay）寫道：「我們可以輪流接棒，讓公司全天候運作。我可以在曼谷白天時撰寫文章，而在波蘭的夥伴喬伊在我睡覺時編輯文章，等我醒來後就能接著修改了[20]。」

類似地，費城一家智庫 ThirdPath Institute 鼓勵雙薪家庭嘗試用不同方式處理育兒任務，像是採用互補的工作時程。這樣一來，父母就能用有結構、可預見的方式來交替主要育兒責任[21]。我和妻子是雙薪家庭，育有八個孩子。她是醫生，值班時二十四小時都要待在醫院，但她同時也是很盡責的母親和妻子，我們在兼顧工作與家庭職責時曾遇到一番掙扎。剛開始，請保姆擔任「家裡的第三位共同執行長」似乎是一個好主意，但是後來因為保姆有時生病，或是因為天候不佳而無法前來，所以還是無法解決問題。

我們了解想要解決問題，需要的不只是另外找一個人幫忙，於是嘗試日間托兒中心。同樣地，原本我們以為問題解決了，但是後來最小的孩子生病而不能去日間托兒中心。遇到這種臨時狀況，後來在最後一刻打電話給短期中介機構，然後採用「三管齊下」方法，讓孩子去上學與日間托兒中心，在寒暑假和每天交替時間時請保姆照顧。妻子因為節儉，有些介意費用，但是因為她的值班時間不彈性，我也要上博士班課程，所以不得不接受這種做法。

等我完成博士班學業（荷包也瘦了不少後），終於採用 ThirdPath Institute 的團隊模式，包含一日內和不同日之間的輪班安排。我們一開始先研究哪些時程固定而無法變動，看看這時候另一個人是否可以排出時間。在妻子值班時，我會空出時間接送孩子上下學，並且預留一些時間應付孩子生病的情況。如果我要教課或出差而走不開時，妻子就會排出時間。例如，我每天教授的最後一堂課會在下午一點結束，所以她把病患看診的時間排在一點十五分之後，這樣如果有需要的話，就能輪班照顧生病的小孩。有幾次，我上完課直接到停車場，妻子開車前來，由我接手睡覺中的嬰兒（因為發高燒而不能待在日間托兒中心），我接著下午就能照顧小孩，讓妻子看診。我們不想採用Zapier行銷團隊的地區制，如果可以的話，就算不能同住在一個屋簷下，希望至少家人能住在同一洲的大陸上。但是我們錯開時程，所以能夠輪班來達成目的，這種做法讓我們十年來都能順利進行。

如同大家所見，我並不是要倡導由夫妻一方完全承擔家庭經濟，並由另一方完全負責育兒和家務事。我要說的是，新一代的父母要特別小心許多夫婦犯下的錯：先認為兩人責任可以對半平分，接著孩子出生後，就無意識地為產後的職責「對號入座」，然後角色分工無法變動，同時心生不滿。不要認為生小孩前的平等安排已經足夠了，而是要研究該做哪些事，以及由誰來做。哪些和寶寶相關的事項只能由母親負責？就排入母親的任務清單內。在剩下的職責中，哪些符合父親的能力和興趣、哪些相對來說對母親特別耗費心力？這些事就交由父親來做。這些待辦清單是否失衡？接著把剩下的任務交給比較不忙的那個人。最重要的是，要花一些時間與測試來發展適當的節奏。我和妻子也花費一段時間才搞定輪班做法，還有學習如何避免因為有人生病（或波士頓下暴風雪）而被打亂。

好消息是，利用我們的自然傾向就能抵抗對平等的偏見。配偶雙方都能判斷出，誰是傾向掌控情勢的「老大」，有一方比較在意管理好費用和財務，另一方比較在意育兒。在握有決策權的同時，也要在該領域有較多的承擔，但是只要長期而言在家庭和事業付出的心力能大致平衡，就是良好的安排方式。

暫緩日常衝突，著重長期

你是否曾認為自己在家庭或工作上付出太多？此時此刻的你也許感覺沒有受到應有的敬重。有許多學生找我談論創業或個人關係的困境，在這些情況下，我的建議是要長期作戰，創業者要花費十年或更長的時間建立好公司。技術創辦人可能要為開發產品而嘔心瀝血一年，同時主要負責銷售的創辦人可能會無事可做，但是十二個月後，角色就會互換。在個人關係中可能要把眼光放得更遠，五年內由一方含辛茹苦地照顧孩子，接著由另一方照顧長輩十年。無論在家庭或公司中，我們要看的不是**此時是否公平**，而是要考量更長期的需求是否得到滿足。藉由這麼做，就可以抵抗對平等的偏見，避免短期衝突，因為這些衝突經常是沒有必要的。

這裡要學習的重點是，我們應該暫緩日常的衝突，看向更長期的未來，這也是本書中在在看到的創辦人案例啟示。在邁向結語的同時，適合再看一項終極測試，也就是傑出創辦人如何使用理性而有別於一般人的思考模式，面對複雜艱困的情境：財富與權位之爭。

結語

財富與權位的取捨

我過去將近二十年來研究創業者面對創立和經營企業時做的各項選擇，在學術生涯中，有一個關鍵矛盾時常出現，這也成為我所寫的《哈佛商學院最實用的創業課：教你預見並避開創業路上的致命陷阱》（*The Founder's Dilemmas: Anticipating and Avoiding the Pitfalls That Can Sink a Startup*）書中的一個主題，我也曾在哈佛商學院、史丹佛工學院，以及現在任教的南加州大學「創業者的難題」課程中，提到這個關鍵矛盾：是要變富有，還是要當君王？幾乎在公司多個發展階段裡，所有創辦人都會遇上這個掙扎，是要放棄當君王的掌控者慾望，確保公司能盡可能地昌隆，並藉此在過程中變得富有？還是要繼續擔任公司的君王，但是可能因此讓公司市值下降？

兼顧財富**和**稱王，也就是能打造成功的大公司，並從頭到尾掌控大權，這在現實中非常罕見[1]。實際上，不太可能要求執行委員會和董事會能在提出一流決策的同時，裡面都是追隨君王的人士，而且不把決策權分給共同創辦人，卻要對方全心付出，然後還要一手控管的員工有最高品質的產出[2]。要達成一項目標時，就必須捨棄其他項目，因此產生互不相容的矛盾。

我在繼續研究創業者時，越來越體認到這項取捨的重要性。創業者必須花費很大的功夫，才能決定何時成為創辦人、是否獨力創業或找來最佳的合夥創辦人、是否自行融資或接受外部資金、如何建立董事會，以及創辦過程中的其他種種交叉點，有許多都已在本書中提到。最核心的一點是，他們幾經掙扎才能決定要留在執行長的王位上，或是把大權交給其他能讓王國更擴大的人。

要放棄掌控幾年來從無到有、一路拉拔的創辦結晶很令人不捨，這可能會讓你一時失去理智上所聽到或表達的聲音。當創辦人的董事會要他們放棄權位時，會說出類似以下的話：「這就像是萬箭穿心。」或是傑克．多西（Jack Dorsey）從推特退位時所說的：「像是肚子挨了一拳[3]。」在這種情況下，創業者和一般人沒什麼兩樣，都要拚命克服情緒，並用理性來思考。

「有志者事竟成。」這句話是我們從小聽到大的，但當發現這只是用來激勵人的手段，而不是對現實的描述時，也會經歷像那些創業者同樣的震驚。在職涯和個人決策中，我們常常希望兩者兼顧，但是往往必須有所取捨。

對創辦人而言，強而有力的控制權可能會拖垮前程似錦的公司，就像是狄恩．卡門（Dean

Kamen）的情形；反過來看，創辦人致力讓公司成長，很可能要放棄寶座，就像是盧・瑟恩（Lew Cirne）的情況。接下來讓我們一起看他們的歷程，並且運用到自己的創業過程中。

新創公司中財富與權位的抉擇

創業者一開始幾乎無一例外地想要一手包辦所有的事：即使是第一次創業，也希望能自始至終引領一家高影響力、高價值的公司。有時創業者想要兼顧財富和權位，是因為有把握自己的創業構想強力且具開創性，根本沒想過要放棄這個構想。「這個發想是由我而來的，當然要由我來實踐！其他人都無法像我一樣好好打造！」卡門就抱持這種想法。

卡門是一個聰穎、有見地又想要改變世界的投資人，他堅信工程師和科學家在文化上的地位，不亞於搖滾音樂家或專業運動員。他在醫療界與機器人開發界已是經驗豐富又有高收入的企業家。接著，有一次在近秋時節的一場陣雨中，他和公司的工程師想出賽格威（Segway）電動平衡車的構想，而原名為金姐（Ginger），是以舞者金姐・羅傑斯（Ginger Rogers）命名。個人平衡車的概念似乎得以改造世界，這不只是卡門的想法，如賈伯斯和傳奇創投人約翰・杜爾（John Doerr）等許多專家也這麼認為，杜爾預測金姐能比其他新公司快速達到十億美元銷售額。卡門對這款載具深深著迷，想像城市能圍繞著這項工具發展，並認為這是能解決空汙和交通阻塞的方法。

卡門看到這項產品的潛力，沒有依照過去做法把產品對外授權，而是決定自行建立公司開發和製造。他說：「我們決定自行主導這項靈魂商品，並且自己來製作金姐[4]。」他也找來高階主管充實團隊，請到歐洲克萊斯勒（Chrysler）總裁提姆・亞當斯（Tim Adams）擔任執行長。卡門表示，他需要請亞當斯這樣的人物經營企業，這樣自己才能「回去負責發明和設計這種有趣的事」，他向亞當斯保證自己「無意干涉製造與生產的細節[5]」。

但是，兩人很快就意見分歧。亞當斯在供應和製造方面（也就是他的優勢與卡門的弱點）做出決策，但是遭到卡門反對。要讓外人來看金姐時，必須由公司所有者卡門點頭，就連執行長亞當斯都沒有這項權力。卡門開始對亞當斯表現出鄙夷的態度，說道：「他也沒有比其他多數工程師厲害，我卻要付他兩到三倍的薪水[6]。」不久後，卡門撤換亞當斯，之後又開除新任執行長。卡門在奮力掌控自己的願景和公司的過程中殫精竭慮，他對員工說：「我覺得對金姐來說，好的夥伴能讓我們完全掌控狀況。我們今年在等待這個理想人選的同時，已經投資了數百萬美元……，我真想知道能好好資助內部計畫，還有能讓我好吃好睡的日子是怎麼樣的[7]。」

在賽格威創立的最初十年，公司幾乎一年更換一位執行長，十年內共有九位，因為卡門堅持親自掌控每項關鍵決策。這家前景看好的公司從投資人身上募集到一億七千六百萬美元，但是最後在二〇〇九年出售時，價值只剩一千萬美元，成為史上前幾家浪費潛力的公司之一。

創辦人持續掌權讓新創公司的價值不斷受損

我們之中少數人能像卡門一樣在大眾的畫布上構想出傑作，但是也會急於親筆繪製，而不顧自己的能力是否足以應付。

這麼做的同時，我們忘了發明物要成為真正產品前，必須適應市場，並且常要經歷激進的更改。新創公司要成為真正公司時，也是同樣的道理，就算有些新創公司在產品開發之初過程順利，但是公司建立流程也出現許多創辦人尚未準備好應對的挑戰。公司需要改變，而且常常要快速改變。如同我們看到的卡門案例，產品的投資人不見得是適合引領這些改變的人，而創辦人留在權位上常會減低王國的價值。

我研究六千一百三十家美國創投公司，發現創辦人在主導公司約兩到三年後，開始對公司價值造成很大的損害。在此之前，創辦人根基於科技、科學或產業等方面的技巧很重要，因為要幫助公司扶植最初的產品開發。但是，一旦產品上市後，創辦人的技巧已經不夠應付打造複雜公司的挑戰。原本從未打過一通推銷電話的創辦人，要穿上西裝，親訪顧客，接著要面試業務人員，籌組銷售團隊，並安排他們的薪資。而且這只是冰山一角！想要持續掌控公司的創辦人平均對公司價值造成一七％到二二％的損害，這個衝擊還會逐年增加[8]。

瑟恩創立企業軟體公司 Wily Technology，就切身感受到這個後果。公司準備好寄送第二版產品時，瑟恩覺得富有國王的願念就要成真了：顧客很滿意、銷售量增加，而且團隊合作順利。他正要進行第三輪募資，準備幫 Wily Technology 這艘火箭添加燃料，接著他的投資人，也是如今在公司董事會五個席位中控制著三席的人，決定撤換他執行長的職位。瑟恩很震驚地對我說：「我當下只想到：『我哪裡做不好？哪裡弄錯了？』」

投資人認為，公司需要能力上可符合下一階段所需的人，瑟恩是首屈一指的科技人才，但欠缺企業其他職務的能力，而這些能力的重要性卻變得非常重要。正因為瑟恩讓公司很成功，他才會在短時間換人。瑟恩創業成功的本身存在矛盾，因為讓公司一舉成功，反而自己要從執行長的職位下台。

瑟恩經歷的事也發生在許多成功的創辦人身上，新創公司能進入第三輪募資表示公司已經非常卓越，這時候超過一半的創辦人暨執行長已經換人了，其中四分之三的人被迫離開公司，剩下的人則是自願讓位。這些統計數據讓許多創辦人感到震驚，因為他們以為成功會更鞏固自己的執行長地位[9]。

然而，財富和權位之爭不僅局限於新創公司，在生活中也時常出現。

生活中財富和權位的抉擇

面臨**職涯選擇**時，很多人就像是初次創業一樣，認為只要夠努力，最終能成為頂尖公司裡坐擁高薪的掌權人，也就是商界的富有國王，而沒有意識到我們可能要權衡輕重，做出取捨。如果我們想要主導權，就必須選擇收入沒有那麼豐厚的選項；或是如果我們追逐金錢，就必須放棄一些主導權。你想成為滄桑歌曲的創作歌手，但是直到在線上創作一首琅琅上口的流行歌曲才被發掘，點閱率突破上萬，知名藝人也開始翻唱這首歌曲，國際唱片公司願意出資贊助你，但是這家公司對你的滄桑歌曲沒有興趣，想要的是你從未想過要成為的流行歌手。（這家公司還對你說，要是你拒絕，還有上千人搶著要。）你可以擁有成功，但是必須放棄表達真實自我的機會。這個世界提供給我們的選擇總是出乎意料，這不是壞事，但是常常這些選項無法兼得，必須從中做出抉擇。

在社區活動或企畫團隊中，**領導風格**也常常有類似的**取捨**。權力導向的人如果事無大小都親力親為，確實可能完美執行企劃，但是能參與的活動較有限，而且達成的速度更慢；而有效把分發工作的人能招募到更多人手，完成更多的任務，但是無法管控各個層面。他們必須釋出一些控制權，信任一些將領來執行策略。

在**藝文或學術領域**中，如果你夢想撰寫一本書或文章，或許能夠自行達成，但是如果有共同創作者，可能會有更好的作品品質與出版的機會。舉例來說，有一名同事長時間撰寫一篇學術文章，但是一直遭到頂尖期刊退稿，顯然如果他想要提升被刊登的機率，應該找一位有更多經濟計量技巧的人共同撰寫。我的同事要選擇是，在較不起眼的期刊上當絕對的國王，還是在頂級期刊上與人共享名聲。這種取捨很常見，因為比起一人撰寫，共同創作的論文有較高的機會受到引述[10]。（這麼說來，我當初說不定應該找人一起來寫這本書！）

這些取捨也會在**婚姻**裡遇到，想要多掌控婚姻生活的人，像是希望用特定方式處理財務，可能就必須多花費時間才能處理好帳目。如果其中一方比較隨和，而讓另一人做主，感覺像是一人享受著另一人辛勤的工作成果，這樣就會導致緊張局勢爆發。

雖然創業界中有許多在這方面失敗的案例，但是也提供如何有效應對這些取捨的指引。

找出取捨的解決辦法

正如我們所見的，最成功的創辦人要能在面臨轉捩點時找出情緒因素，並且避免被情緒帶著走，他們透過了解取捨關係和理解自己來達成這點。這並不容易，因為他們太關注於實踐想法。

懂得捨離

Wily Technology的瑟恩一開始受到蒙蔽，但是最後成為如何面對財富與權位之爭的範例。瑟恩和許多人一樣，好幾年來覺得自己和公司密不可分。對創辦人而言，通常要有對公司百分之百的認同，才能讓企業起飛，但是在行的創辦人知道必須找出真正有利企業的事，並且克制想要當家做主的慾望。

雖然瑟恩在事到臨頭時才覺醒，但是他後來了解堅持擔任執行長會嚴重損害公司，因此把掌控權交給新任執行長。瑟恩下台，在公司沒有實質的職位。Wily Technology接著快速成長，最後被組合國際（Computer Associates）以三億七千五百萬美元買下。瑟恩對權位轉移看得很清楚，他對我解釋：如果他堅持不下台，公司的價值會縮減到大約只剩六分之一。

無論什麼事情，克服「我的」是人生中的一大挑戰。想想看，有多少人說過「我的團隊不服從指令」，或是「我的公司讓我失望」，話語中透露出對企畫或組織的執著？有多少婚姻慘澹收場時，有一方說道：「我沒想過**自己的**婚姻會變成這樣」？

學習瑟恩的例子，並注意「我的孩子」這個詞彙分成兩個部分：「我的」和「孩子」，真正盡到父母職責時，有時候要放下「我的」，想想什麼才是為孩子著想。不過，如同瑟恩發現的，長期而言對孩子好的，也是對父母好的，只是我們一時之間無法看清。

放眼長期發展

瑟恩讓我們學習到的另一點是，即使每天的需求很急迫，還是要能望向遠方。瑟恩發現Wily Technology只是創業旅程中的一站，在他的下一家新創公司New Relic（這家公司的名稱，是用他名字的拼音重新組合而來），有更多籌碼可以和投資人洽談，因為如果條件談不攏，他就可以用從Wily Technology賺到的利潤，自行出資。在不同家新創公司裡，瑟恩在第一家做出符合「財富」的決策，而在第二家做出符合「權位」的決策，所以長期來看，他還是能兩者兼得。

我們不能把這項做法隨便套用到擔任父母的職責上，因為絕對不能說：「要是養小孩不成功，我們可以再換別的事嘗試。」不過，我們可以把瑟恩的部分策略運用到其他的人際關係。在長期或親密關係的早期，不要試著控制每一步，將來會有幾週、幾月、幾年事情不順利，有時是自己的狀況不如另一方，或是有時相反。如果妻子要擔任四年的住院醫師，就不要期望這時候她能在婚姻裡當「平等」的另一半，而要理解你之後也有可能長時間修博士學位，因此需要把掌控權交給她。

要達成短期平衡，往往沒有特別的解套方式，而是最好把平衡當作長期目標。人與人的關係要顧及雙方的需求，但是不見得會同時達成。

培養自我覺察

有自我覺察的創業者會有效為財富與權位之爭做準備，瑟恩就是透過自我覺察才能接受投資人的安排，並且用不同方式設立新公司的架構。確實要有足夠的自我覺察才能做出各種取捨，我們是否真的了解自己的動機？是否知道哪些結果是自己樂見或後悔的？能否看清每一步中的決策，會導致的最終結果？

如果你不清楚引領自己人生的框架，很容易在無意間做出不符合自己深層渴望的選擇。包含我的學生在內，很多人在面對「我的人生該做什麼時」，答案是父母或同儕所做的事，因此脫離了自己的關鍵價值。

在我大學快畢業時，妻子懷了第一胎，但是我很熱切地想要嘗試管理顧問工作，因此參加麥肯錫顧問公司（McKinsey & Company）的面談，準備說服對方聘用我。我也決定向對方坦承自己在家庭方面受到的限制，我不想經常出差，而且因為遵照猶太安息日的規範，在週五日落後到週六晚間這段期間不能工作。當然，我也希望能利用有挑戰性的腦力工作支持家庭，而且每週六不用處理電子郵件！面試官看見我的猶太小圓帽、聽見我有個三個月大的孩子，很直白的建議是「不要想著進入顧問這一行」。

這讓我告別唯一一次的麥肯錫面試！我後來成功找到一家規模小很多（名氣也小很多）的顧問公司，在這裡可以接觸更多當地的顧客。這家公司願意接受我的限制，並且更符合我的創業理想，可以說是**焉知非福**！

對於要如何在世界上產生影響力、過著滿意的人生，我們都有各自的夢想，但是在圓夢的過程中，必須跨越許多自己從未想過的藩籬。從創業者身上學來的經驗，讓我們更能預想這些藩籬，進而實踐夢想。不要讓自己被迫改變，而是事先想好自己想前往何處，評估何時熱情或謹慎會成為阻礙，預想如何利用失敗，並為成功籌劃，準備好打造輝煌的人生。

致謝

雖然我們可能以為有高度影響力的公司是由創辦人一手打造的，但是仔細觀察便會發現，要讓創投項目起步需要的往往是一個全心付出的團隊，蓋茲需要艾倫、賈伯斯需要沃茲尼克、班・柯恩（Ben Cohen）需要傑瑞・葛林菲爾德（Jerry Greenfield）*，本書也一樣。在此感謝讓本書問世的團隊，首先要感謝我的學生提供書中案例，讓**我**上了一課。如同一千五百年前，塔馮拉比在《塔木德》中說的（Ta'anit 7a）：「我從老師身上學到許多，從同事學來的更多，而最讓我有收穫的是我的學生。」謹此感謝恩師（與拉比）形塑我的觀點和知識基礎，讓我能談論本書處理的議題，以及進行教學和研究。感謝南加大的同事在我初到馬歇爾格雷夫（Marshall Greif）中心時，對我的熱情招呼和協助；還要感謝前導師與同事在我早期踏入學術圈時給予的支持和指引，讓我跨出舒適的窠臼（參見第四章），並進入更有影響力的領域，再次印證了**焉知非福**的典範。

在我十年前打算出版本書時，瑪歌．弗萊明（Margo Fleming）便不畏艱辛地努力讓我在史丹佛的名下出書，只可惜她轉職後，本書成為出版孤兒，我衷心期盼有了新發展的弗萊明二．〇版能夠順利！我要謝謝奧利維亞．巴茨（Olivia Bartz），她在整個寫作流程和修訂階段幫我加油打氣，也幫忙評改內容，還有史蒂夫．卡塔拉諾（Steve Catalano）領養這個孤兒，並在最後修改階段承擔著有如家長般的角色。也要感謝特瑞莎．阿瑪拜爾（Teresa Amabile）把我引薦給克里斯蒂．弗萊徹（Christy Fletcher），還要謝謝艾瑞克．里斯（Eric Ries）大力向他推薦。很謝謝弗萊徹把我介紹給希爾維．格林伯格（Sylvie Greenberg），兩人在我提案與寫作時給予指引和精神支持，讓我心存感激。

安迪．奧康奈爾（Andy O'Connel）的神奇雙手和麥金塔電腦，幾乎在本書每頁留下痕跡。在發想時，妮塔．普拉薩德（Nita Prasad）是重要的構思夥伴，她精準的眼光也在後續修改階段給予許多幫助。丹尼爾．達可托利（Daniel Doktori）是第一個為本書發表卓越評論的人，麥特．霍茲薩普芙（Matt Holzapfel）和維妮．余（Winnie Yu）提供精闢評論，他們的個人故事也成為書籍提案的良好典範。喬丹娜．瓦倫西亞（Jordana Valencia）在婚禮與蜜月時抽空提供

*譯注：兩人共同創辦 Ben & Jerry 冰淇淋公司。

個人小故事、評論及鼓勵（她就是創業者困境的夫妻代表）。我感謝拉奧提供靈感和精采故事，以及安琪拉・周（Angela Zhou）與瑞貝卡・卡爾曼（Rebecca Calman）的有力貢獻，包含課程內外的案例。我也要在此向個案的主人、傑出的創業家致謝，他們的豐富故事內容和健談為各章與事例增添不少風采。

感謝潔娜（Chana）讓我到遠離住家三千英里外教書，她是不可多得的終生共同創辦人。謝謝塔莉亞（Talya）、塔瑪（Tamar）、亞伊爾（Yair）、里亞特（Liat）、娜娃（Naava）、阿維塔爾（Avital）、伊沙伊（Yishai）及亞夫法（Ahuva）擔任我們華瑟曼（Wasserman）一家的最佳初期夥伴，還有桑德（Sender）、柴姆（Chaim）、雪芙拉（Shifra）加入團隊，並在近年擔綱重要職位。我能有今日的任何成就，都要歸功於父母，感謝雙親讓我在三十年後能再品嘗到家常鮭魚餐、猶太祝禱及講頌，多年來在一一五三區且多個月在一一三八區款待我。我要感謝岳父母一開始就對本書抱持信心，並且扮演各世代的大家長角色。願恩慈的主宰讓他們安康長壽，繼續嘉惠我們的家庭和族群。

注釋

第一章

1. 創業薪酬也有類似的情形，創業者曾體驗自己不願離開雇主的鐐銬，也將這種金手銬套用在員工身上。為了避免聘用的員工離開公司，追求更高成就，創業者迫使員工只能一步步地取得股權，因此會留在公司。在我蒐集的兩萬名非創辦人的新創公司高階主管資料中，九九%都有這類條件式授權（vesting）做法，而高達八二%的主管有四年以上的金手銬。新創公司採取這種手法的目的是，至少近五年內，讓員工「想查看隨時可以，但是別想走人」。

2. 研究人員珍妮弗．梅魯齊（Jennifer Merluzzi）和達蒙．菲利普斯（Damon Phillips）觀察在投資銀行從業的企管碩士生，這些學生先在該產業工作一陣子，然後回到校園，一方面加入投資銀行俱樂部；另一方面修習課程，強化職涯表現，並在該產業裡實習。研究發現，與接觸領域不限於投資銀行業的學生相比，這些「較專職」學生取得的職缺機會較少，報酬也少了許多，參見 Merluzzi and Phillips 2015.

3. Wang and Murnighan 2013.
4. 多數技師從中學畢業後就開始擔任技師，因此年紀通常都很輕。
5. Rawlinson 1978.
6. Sundaram and Yermack 2007.
7. Stross 2013, 12.
8. Becker 1960.
9. 舉例來說，正面迫切性（由極為正面的情緒引發）和負面迫切性（由極為負面的情緒引發），都可能會造成魯莽行動，參見 Cyders and Smith 2008.
10. Katz, n.d.
11. Wolfinger 2015.
12. Camerer and Lovallo 1999; Cooper, Woo, and Dunkelberg 1988.
13. Gimlet 2017a.
14. Cooper, Woo, and Dunkelberg 1988.
15. Sharot 2011, R942.

16. Sharot 2011, R943.
17. Walton 2016.
18. Experian 2016.

第二章

1. Schoenberger 2015.
2. Kutz 2016.
3. Gillen et al. 2014.
4. Ries 2011.
5. Gompers 1995.
6. Ries 2011. 另見 Blank 2005 突破性發現。
7. National Museum of American History, n.d.
8. Wozniak 2006, 122, 143.
9. Wozniak 2006, 122.
10. Wozniak 2006, 172.

11. Wozniak 2006, 177.
12. Hattiangadi, Medvec, and Gilovich 1995.
13. Wasserman and Galper 2008, 7.
14. Wasserman and Galper 2008, 6.
15. Toft-Kehler and Wennberg 2011.
16. Raffiee and Feng 2014.
17. Schwartz 2004.
18. Kowitt 2010.
19. Peterson 2016.
20. 引用自 Bernstein 2014. 同樣地，心理學家希娜．艾恩嘉（Sheena Iyengar）發現，和有眾多選擇的人相比，如果眼前的選擇數量適中，人們較可能決定購買特定的食物，並且對選擇感到滿意。參見 Iyengar and Lepper 2000.
21. Dush, Cohan, and Amato 2003.
22. Sharot 2011, R944.
23. Wilkinson 2015.

24. Gallagher 2015.
25. Strasser and Becklund 1991.
26. Moore 2006.
27. Damasio 1994.

第三章

1. Taleb 2012.
2. Gimlet 2014.
3. Zimmerman 2015.
4. Gimlet 2014.
5. Gimlet 2014.
6. Gimlet 2014.
7. Kay 2016.
8. Gimlet 2017b.
9. Gimlet 2017b.

10. Kelley, Singer, and Herrington 2011. 表示因害怕失敗而導致不敢創業的比例如下：在生產要素驅動的國家為三七．三%，在效率驅動的國家為三二．一%，在創新驅動的國家為三八．一%。
11. Knudson 2014.
12. Compton 2016.
13. Kahneman and Tversky 1979.
14. Churchill 1942.
15. Egan et al. 2013.
16. Fernald 2017.
17. Peter 1969.
18. Brunner 2017; Wiener-Bronner and Alesci 2017.
19. Ulukaya 2013.
20. Ulukaya 2013.
21. Ulukaya 2013.
22. Gasparro 2015.
23. Wasserman 2008.

24. Strasser and Becklund 1991, 333–334.

25. Orzeck 2015.

第四章

1. 廣告網址：https://www.youtube.com/watch?v=45mMioJ5szc。
2. Sparks 2013.
3. 此故事取自《巴比倫塔木德》（Babylonian Talmud）〈頌禱篇〉（Tractate Berachot），第六〇b頁。「Gam zu l'tova」一詞源於名為Nachum Ish Gamzu的賢者，如《巴比倫塔木德》〈齋戒日篇〉（Tractate Taanit），第二一a頁中所述。
4. Warner 2017.
5. Warner 2017.
6. Wasserman and Galper 2008, 5.
7. Wasserman and Galper 2008.
8. Elkhorne 1967, 52.
9. Sperry 2012.

10. John, John, and Musser 1978, 100.
11. John, John, and Musser 1978.
12. John, John, and Musser 1978, 107.
13. John, John, and Musser 1978, 131. 情況比約翰記得的還要艱困，撒拉其實已經八十九歲，而亞伯拉罕得到生子的承諾時是九十九歲（《妥拉五經書卷》（Art Scroll Chumash），創世紀第十七章，第十五節至第二十一節）。
14. John, John, and Musser 1978, 125.
15. John, John, and Musser 1978, 126.
16. John, John, and Musser 1978, 152.
17. Simon 2010.
18. Tamir, Mitchell, and Gross 2008.
19. Seligman 1991.
20. Seligman 1991.
21. Dweck 2006.
22. Dowd and Mcafee 2015.

23. Sandberg 2016. 桑德伯格也提到讓她放下過去、進入新生活階段的建議：「戈德伯格過世後幾週，我和朋友菲爾提到戈德伯格不能親自參與父子活動。後來我們決定讓他替代戈德伯格，我對他哭訴道：『但是我想要戈德伯格。』菲爾安撫我說：『在最佳選項不存在時，就好好地利用第二選項吧！』」其他故事詳情參見 Sandberg and Grant 2017.

24. Sandberg 2016.

25. Seligman 2004.

26. Sarkis 2012.

27. Hornik 2005.

28. Kahneman and Tversky 1979.

29. 加比・凱恆（Gabbi Cahane）是 Multiple 顧問公司的天使投資人和董事長，他在接受《金融時報》（*Financial Times*）訪談時，特別強調這一點：「釐清過分樂觀與自我欺瞞之間的界線後，就是創業者整頓狀況，並走向下一步的時機。要能自我覺察這一點很不容易，所以應該建立階段目標、衡量數據及時間軸來判斷狀況。要是缺乏清楚的指標來表明什麼是真正的機會，而不只是空泛的期望，創業者只會盲目前進。讓人難以面對的現實，就是銷售額、註冊數、下載量比紙上談兵來得有分量。」引自 Newton 2016.

30. Wasserman 2004.
31. Wasserman 2004.
32. Taleb 2012.
33. Taleb 2012, 72.
34. Shin and Milkman 2016.
35. Gasparro 2015.
36. Erker and Thomas 2010.
37. Wasserman 2012.
38. Wilson and Gilbert 2003.
39. Gilbert et al. 1998.
40. Gilbert et al. 1998, 617.
41. Lublin 2016.
42. Fisher 2015.
43. Erker and Thomas 2010.

第五章

1. Sandlin 2015.
2. Sandlin 2015.
3. 首先將「藍圖」概念運用到創業決策來自史丹佛新興公司企畫（Stanford Project on Emerging Companies, SPEC），該企畫分析創辦人建立組織時，直覺使用的核心模型。更多詳細資訊，參見 Baron and Hannan 2002. 然而，史丹佛新興公司企畫並未交代這些創辦人藍圖的來源或影響因子，或是他們面對個人藍圖與公司需求間落差時經歷的過程，這些已在本書中探討。
4. Sandlin 2015.
5. Wasserman, Bussgang, and Gordon 2010.
6. Wasserman, Bussgang, and Gordon 2010, 2–3.
7. Schwartz 2012.
8. Groysberg 2010.
9. Hamori 2010.
10. Useem 2012.

11. Indy_dad 2012.
12. Cathies 2012.
13. Hendrix 2007.
14. Kahneman 2013.
15. McPherson, Smith-Lovin, and Cook 2001.
16. McPherson, Smith-Lovin, and Cook 2001.
17. Nahemow and Lawton 1975.
18. Shenker 1972, 33.
19. 這項聯合研究為合作國會選舉研究（Cooperative Congressional Election Study, CCES），參見 https://cces.gov.harvard.edu/pages/welcome-cooperative-congressional-election-study。
20. Butters and Hare 2017.
21. Mitchell et al. 2014.
22. Youyou et al. 2017.
23. Blackwell and Lichter 2005. 因為樣本數不足，因此未涵蓋亞洲、美洲印地安、愛斯基摩及阿留申裔的女性。

24. Ruef, Aldrich, and Carter 2003.
25. Lunden 2017.
26. Sumagaysay 2015.
27. Snap 2017.
28. Gompers, Mukharlyamov, and Xuan 2016.
29. Gompers, Mukharlyamov, and Xuan 2016, 628.
30. Gompers, Mukharlyamov, and Xuan 2016, 627.
31. Cubiks 2013. 調查回收約五百份回應，一共包含五十四國的對象：六三％來自歐洲、二六％來自大洋洲、八％來自美國，以及三％來自非洲。
32. Rivera 2015.
33 Mark 2003.
34 McPherson, Smith-Lovin, and Cook 2001.
35. Umphress et al. 2007.

第六章

1. Groysberg and Abrahams 2010.
2. Janisj 2012.
3. Gersick 1994, 25. 請注意：格西克是用假名來代稱公司名稱和執行長姓名。
4. Klein and Calderwood 1996.
5. Wasserman and Galper 2008.
6. Wasserman and Galper 2008.
7. Wasserman and Galper 2008.
8. Wasserman and Galper 2008.
9. Perlow 2003.
10. Gross and John 2003; Kashdan and Rottenberg 2010.
11. Kashdan and Rottenberg 2010, 871.
12. Neisser 1979.
13. Wasserman and Maurice 2008a, 2008b.

14. 關於此現象的經典探討研究，參見 Granovetter 1973.
15. Wasserman and Maurice 2008a, 2008b.
16. 葛文德所說的檢核清單重點是提高安全、效率及一致性，和這裡提到的目標非常不同，參見 Gawande 2009.
17. Gompers, Mukharlyamov, and Xuan 2016.
18. Wasserman 2002.
19. Walters 2016.
20. Allmendinger, Hackman, and Lehman 1996.
21. 針對更多艱難的對話，參見 Stone, Heen, and Patton 2010.
22. Alter 2012.
23. Gottman, n.d. 高特曼對夫妻的研究始於一九七二年，至今仍然持續。截至目前為止，他研究超過三千對夫婦，完成十二份研究，他在預測離婚的研究中總共調查六百七十七對夫妻。
24. Gottman, n.d.
25. Wasserman 2004.
26. Wasserman 2004.

27. 轉述自 Lisitsa 2014.
28. 轉述自 Radford 2004.
29. Radford 2004.

第七章

1. Wasserman and Braid 2012. 本節關於 ProLab 的資訊都是來自此出處。
2. Dyer, Dyer, and Gardner 2012.
3. Wasserman and Marx 2008.
4. Wasserman 2012.
5. 根據獨立企業國家聯邦（National Federation of Independent Business, NFIB），僱用家族成員的公司在世界各地占八成至九成，而三分之一的家族企業中有夫妻兩人共同參與，更多資訊參見 Dyer, Dyer, and Gardner 2012.
6. 理查・泰德洛（Richard S. Tedlow），私人通訊，二〇〇四年六月。
7. Belmi and Pfeffer 2015.
8. 對於艱難對話的各方面發展，以及保健專業人員和病患間如何進行艱難對話，參見 Browning

et al. 2007.

9. Keating et al. 2013.
10. Sanford 2003.
11. Mosendz 2016; Experian 2016. 或許最驚人的是，二〇%的男性擁有未讓另一半知道的祕密金融帳戶，而女性有此情況的比例則為一二%。
12. Dezső and Loewenstein 2012, 996.
13. Krackhardt 1999.
14. Barmash 1988.
15. Forden 2001, 141.
16. 參見 Wasserman 2012.
17. Krause, Priem, and Love 2015.
18. Krause, Priem, and Love 2015, 2099.
19. 美國勞工統計局（US Bureau of Labor Statistics），二〇一四年。
20. Szuchman and Anderson 2012, 10.
21. Szuchman and Anderson 2012, 11.

22. Rogers 2004. 婚姻幸福與否對婚姻穩定度有很重要的影響，配偶間的資源相似，而幸福度處於中或低時，離婚的可能性最大。
23. Bass 2015.
24. Dienhart 2001.

第八章

1. Wasserman and Braid 2012.
2. Wasserman and Braid 2012.
3. Wasserman and Braid 2012.
4. Lashinsky 2017, 78.
5. Javitch 2006.
6. Wasserman and Braid 2012.
7. Akalp 2015.
8. Wasserman and Braid 2012. 本節其他有關 ProLab 的資料和引述都來自此出處。
9. Wasserman and Braid 2012.

10. Wasserman and Braid 2012.
11. Javitch 2006.
12. Li 2016.
13. Keating et al. 2013.
14. Wasserman 2012. 在我的三千六百筆資料中，一六%的公司是一人獨力建立、三七%是兩人共創、二四%是由三人所創，而剩下的則是由四人以上的創辦團隊建立。
15. Wasserman 2012.
16. Hellmann and Wasserman 2016.
17. Keates 2015.
18. Wasserman and Maurice 2008a.
19. Wasserman 2012.
20. Guay, n.d.
21. Valcour 2015.

結語

1. Wasserman 2017.
2. Wasserman 2012.
3. Kirkpatrick 2011.
4. Kemper 2003, 80.
5. Kemper 2003, 46.
6. Kemper 2003, 54.
7. Kemper 2003, 85.
8. Wasserman 2017.
9. Wasserman 2012.
10. Wuchty, Jones, and Uzzi 2007.

參考資料

Akalp, N. 2015. “Keepin’ It in the Family: How to Structure a Business with Your Closest Relatives.” *Entrepreneur*, April 6. https://www.entrepreneur.com/article/244249.

Allmendinger, J., R. Hackman, and E. Lehman. 1996. “Life and Work in Symphony Orchestras.” *Musical Quarterly* 80 (2): 184–219.

Alter, J. 2012. “How We Fight—Cofounders in Love and War.” *Steve Blank* (blog), October 21. https://steveblank.com/2012/10/21/how-we-fight-cofounders-in-love-and-war.

Barmash, I. 1988. “Gucci Family, Split by Feud, Sells Large Stake in Retailer.” *New York Times*, June 8. http://www.nytimes.com/1988/06/08/business/gucci-family-split-by-feud-sells-large-stake-in-retailer.html.

Baron, J. N., and M. T. Hannan. 2002. “Organizational Blueprints for Success in High-Tech Start-Ups: Lessons from the Stanford Project on Emerging Companies.” *California Management Re-*

view 44 (3): 8–36.

Bass, B. C. 2015. "Preparing for Parenthood? Gender, Aspirations, and the Reproduction of Labor Market Inequality." *Gender and Society* 29 (June): 362–385.

Becker, H. S. 1960. "Notes on the Concept of Commitment." *American Journal of Sociology* 97: 15–22.

Belmi, P., and J. Pfeffer. 2015. "How 'Organization' Can Weaken the Norm of Reciprocity: The Effects of Attributions for Favors and a Calculative Mindset." *Academy of Management Discoveries* 1 (1): 36–57.

Bernstein, E. 2014. "How You Make Decisions Says a Lot About How Happy You Are." *Wall Street Journal*, October 6. https://www.wsj.com/articles/how-you-make-decisions-says-a-lot-about-how-happy-you-are-1412614997.

Blackwell, D., and D. Lichter. 2005. "Homogamy Among Dating, Cohabiting, and Married Couples." *Sociological Quarterly* 45 (4): 719–737.

Blank, S. 2005. *The Four Steps to the Epiphany: Successful Strategies for Products That Win.* Palo Alto, CA: K&S Ranch Press.

Browning, D. M., E. C. Meyer, R. D. Truog, and M. Z. Solomon. 2007. "Difficult Conversations in Health Care: Cultivating Relational Learning to Address the Hidden Curriculum." *Academic Medicine—Philadelphia* 82 (9): 905.

Brunner, R. 2017. "How Chobani's Hamdi Ulukaya Is Winning America's Culture War." *Fast Company*, March 20. https://www.fastcompany.com/3068681/how-chobani-founder-hamdi-ulukaya-is-winning-americas-culture-war.

Butters, R., and C. Hare. 2017. "Three-Fourths of Americans Regularly Talk Politics Only with Members of Their Own Political Tribe." *Washington Post*, May 1. https://www.washingtonpost.com/news/monkey-cage/wp/2017/05/01/three-fourths-of-americans-regularly-talk-politics-only-with-members-of-their-own-political-tribe/.

Camerer, C., and D. Lovallo. 1999. "Overconfidence and Excess Entry: An Experimental Approach." *American Economic Review* 89 (1): 306–318.

Cathies. 2012. Untitled post. In "Driving on the Left ... Easy Transition or Real Nightmare??" thread. *Fodor's Travel*, July 13. http://www.fodors.com/community/europe/driving-on-the-left-easy-transition-or-real-nightmare.cfm.

Churchill, W. 1942. Speech in the House of Commons. November 11.

Compton, S. 2016. "Regrets." *Medium*. Previously available at https://medium.com/@stephcompton/

regrets-5e19ca4d17fb.

Cooper, A. C., C. Y. Woo, and W. C. Dunkelberg. 1988. "Entrepreneurs' Perceived Chances for Success." *Journal of Business Venturing* 3:97–108.

Cubiks. 2013. "Cubiks International Survey on Job and Cultural Fit." July. https://www.learnvest.com/wp-content/uploads/2017/02/Cubiks-Survey-Results-July-2013.pdf.

Cyders, M. A., and G. T. Smith. 2008. "Emotion-Based Dispositions to Rash Action: Positive and Negative Urgency." *Psychological Bulletin* 134 (6): 807.

Damasio, A. R. 1994. *Descartes' Error: Emotion, Reason, and the Human Brain.* New York: Putnam.

Dezső, L., and G. Loewenstein. 2012. "Lenders' Blind Trust and Borrowers' Blind Spots: A Descriptive Investigation of Personal Loans." *Journal of Economic Psychology* 33 (5): 996–1011.

Dienhart, A. 2001. "Make Room for Daddy: The Pragmatic Potentials of a Tag-Team Structure for Parenting." *Journal of Family Issues* 22: 973–999.

Dowd, K. E., and T. McAfee. 2015. "Sheryl Sandberg's Husband Died from Heart-Related Causes, *People* Learns." *People*, May 12. http://people.com/celebrity/sheryl-sandbergs-husband-dave-goldberg-died-from-heart-related-causes.

Dush, C. M. K., C. L. Cohan, and P. R. Amato. 2003. "The Relationship Between Cohabitation and Marital Quality and Stability: Change Across Cohorts?" *Journal of Marriage and Family* 65 (3): 539–549.

Dweck, C. S. 2006. *Mindset: The New Psychology of Success*. New York: Random House.

Dyer, W. G., W. J. Dyer, and R. G. Gardner. 2013. "Should My Spouse Be My Partner? Preliminary Evidence from the Panel Study of Income Dynamics." *Family Business Review* 26 (1): 68–80.

Egan, K., J. B. Lozano, S. Hurtado, and M. H. Case. 2013. *The American Freshman: National Norms Fall 2013*. Los Angeles: UCLA Higher Education Research Institute.

Elkhorne, J. L. 1967. "Edison—the Fabulous Drone." *73*, March, pp. 52–54.

Erker, S., and B. Thomas. 2010. "Finding the First Rung: A Study on the Challenges Facing Today's Frontline Leader." http://www.ddiworld.com/ddi/media/trend-research/findingthefirstrung_mis_ddi.pdf.

Experian. 2016. "Newlyweds and Credit: Survey Results." https://www.experian.com/blogs/ask-experian/newlyweds-and-credit-survey-results/.

Fernald, M., ed. 2017. "The State of the Nation's Housing, 2017." http://www.jchs.harvard.edu/sites/jchs.harvard.edu/files/harvard_jchs_state_of_the_nations_housing_2017.pdf.

Fisher, A. 2015. "Don't Let Yourself Get Pushed into a Job Promotion." *Fortune*, June 18. http://fortune.com/2015/06/18/job-promotion-mistakes/.

Forden, S. G. 2001. *The House of Gucci: A Sensational Story of Murder, Madness, Glamour, and Greed.* 4th ed. New York: William Morrow.

Gallagher, L. 2015. "The Education of Airbnb's Brian Chesky." *Fortune*, June 26. http://fortune.com/brian-chesky-airbnb.

Gasparro, A. 2015. "At Chobani, Rocky Road from Startup Status." *Wall Street Journal*, May 17. https://www.wsj.com/articles/at-chobani-rocky-road-from-startup-status-1431909152.

Gawande, A. 2009. *Checklist Manifesto*. New York: Metropolitan Books.

Gersick, C. J. G. 1994. "Pacing Strategic Change: The Case of a New Venture." *Academy of Management Journal* 37 (1): 9–45.

Gilbert, D. T., E. C. Pinel, T. D. Wilson, S. J. Blumberg, and T. P. Wheatley. 1998. "Immune Neglect: A Source of Durability Bias in Affective Forecasting." *Journal of Personality and Social Psychology* 75 (3): 617.

Gillen, J. B., M. E. Percival, L. E. Skelly, B. J. Martin, R. B. Tan, M. A. Tarnopolsky, and M. J. Gibala. 2014. "Three Minutes of All-Out Intermittent Exercise per Week Increases Skeletal

Muscle Oxidative Capacity and Improves Cardiometabolic Health." *PLoS One* 9 (11). http://journals.plos.org/plosone/article?id=10.1371/journal.pone.0111489.

Gimlet. 2014. "Dating Ring of Fire." *StartUp Podcast*, season 2, episode 9. https://www.gimletmedia.com/startup/dating-ring-of-fire.

———. 2017a. "Friendster: Part 1." *StartUp Podcast*, season 5, episode 2. https://www.gimletmedia.com/startup/friendster-part-1-season-5-episode-2.

———. 2017b. "Life after Startup." *StartUp Podcast*, season 5, episode 7. https://www.gimletmedia.com/startup/life-after-startup-season-5-episode-7.

Gompers, P. 1995. "Optimal Investment, Monitoring, and the Staging of Venture Capital." *Journal of Finance* 50: 1461–1489.

Gompers, P. A., V. Mukharlyamov, and Y. Xuan. 2016. "The Cost of Friendship." *Journal of Financial Economics* 119 (3): 626–644.

Gottman, J. n.d. "The Four Horsemen of the Apocalypse." *The Gottman Institute*. https://www.youtube.com/watch?v=1o30Ps-_8is.

Granovetter, M. 1973. "The Strength of Weak Ties." *American Journal of Sociology* 78: 1360–1380.

Gross, J. J., and O. P. John. 2003. "Individual Differences in Two Emotion Regulation Processes:

Implications for Affect, Relationships, and Well-Being." *Journal of Personality and Social Psychology* 85 (2): 348.

Groysberg, B. 2010. *Chasing Stars: The Myth of Talent and the Portability of Performance*. Princeton, NJ: Princeton University Press.

Groysberg, B., and R. Abrahams. 2010. "Managing Yourself: Five Ways to Bungle a Job Change." *Harvard Business Review*, January–February. https://hbr.org/2010/01/managing-yourself-five-ways-to-bungle-a-job-change.

Guay, M. n.d. "How to Work in Different Timezones." *Zapier*. https://zapier.com/learn/remote-work/remote-work-time-shift/ (accessed February 27, 2018).

Hamori, M. 2010. "Managing Yourself: Job-Hopping to the Top and Other Career Fallacies." *Harvard Business Review*, July–August. https://hbr.org/2010/07/managing-yourself-job-hopping-to-the-top-and-other-career-fallacies.

Hattiangadi, N., V. H. Medvec, and T. Gilovich. 1995. "Failing to Act: Regrets of Terman's Geniuses." *International Journal of Aging and Human Development* 40 (3): 175–185.

Hellmann, T., and N. Wasserman. 2016. "The First Deal: The Division of Founder Equity in New Ventures." *Management Science* 63 (8): 2647–2666.

Hendrix, H. 2007. *Getting the Love You Want: A Guide for Couples*. New York: Macmillan.

Hornik, D. 2005. "Pandora and Persistence." *VentureBlog*, September 7. http://www.ventureblog.com/2005/09/pandora-and-persistence.html.

Indy_dad. 2012. Untitled post. In "Driving on the Left . . . Easy Transition or Real Nightmare??" thread. *Fodor's Travel*, July 13. http://www.fodors.com/community/europe/driving-on-the-left-easy-transition-or-real-nightmare.cfm.

Iyengar, S. S., and M. R. Lepper. 2000. "When Choice Is Demotivating: Can One Desire Too Much of a Good Thing?" *Journal of Personality and Social Psychology* 79 (6): 995.

Janisj. 2012. Untitled post. In "Driving on the Left . . . Easy Transition or Real Nightmare??" thread. *Fodor's Travel*, July 13. http://www.fodors.com/community/europe/driving-on-the-left-easy-transition-or-real-nightmare.cfm

Javitch, D. G. 2006. "10 Tips for Working with Family Members." *Entrepreneur*, July 10. https://www.entrepreneur.com/article/159446.

John, T., S. John, and J. Musser. 1978. *The Tommy John Story*. Old Tappan, NJ: Fleming H. Revell.

Kahneman, D. 2013. *Thinking, Fast and Slow*. New York: Farrar, Straus and Giroux.

Kahneman, D., and A. Tversky. 1979. "Prospect Theory: An Analysis of Decision Under Risk."

Econometrica 47 (2): 263–291.

Kashdan, T. B., and J. Rottenberg. 2010. "Psychological Flexibility as a Fundamental Aspect of Health." *Clinical Psychology Review* 30 (7): 865–878.

Katz, E. M. n.d. "Is Your Checklist Getting Too Long?" *Evan Marc Katz* (blog). https://www.evanmarckatz.com/blog/dating-tips-advice/is-your-checklist-getting-too-long (accessed February 27, 2018).

Kay, L. 2016. "Congratulations on Quitting without a Gameplan! (Seriously.)." *Medium*, August 15. https://medium.com/@laurenikay/congratulations-on-quitting-without-a-gameplan-seriously-6dbc3415e13d.

Keates, N. 2015. "The House That Saved Their Marriage." *Wall Street Journal*, July 16. https://www.wsj.com/articles/the-house-that-saved-their-marriage-1437054227.

Keating, D. M., J. C. Russell, J. Cornacchione, and S. W. Smith. 2013. "Family Communication Patterns and Difficult Family Conversations." *Journal of Applied Communication Research* 41 (2): 160–180.

Kelley, D. J., S. Singer, and M. Herrington. 2011. "Entrepreneurial Perceptions, Intentions and Societal Attitudes in 54 Economies." In "Global Entrepreneurship Monitor: 2011 Global Report," 7–9. https://www.slideshare.net/emprenupf/gem-2011.

Kemper, S. 2003. *Code Name Ginger*. Boston: Harvard Business School Press.

Kirkpatrick, D. 2011. "Twitter Was Act One." *Vanity Fair*, March 3. https://www.vanityfair.com/news/2011/04/jack-dorsey-201104.

Klein, G. A., and R. Calderwood. 1996. "Investigations of Naturalistic Decision Making and the Recognition-Primed Decision Model." Army Research Institute Research Note 96-43. http://www.au.af.mil/au/awc/awcgate/army/ari_natural_dm.pdf.

Knudson, T. 2014. "Why We All Have Fear of Failure." *Psych Central*. http://psychcentral.com/blog/archives/2014/06/23/why-we-all-have-fear-of-failure.

Kowitt, B. 2010. "Inside the Secret World of Trader Joe's." *Fortune*, August 23. http://fortune.com/2010/08/23/inside-the-secret-world-of-trader-joes/.

Krackhardt, D. 1999. "The Ties That Torture: Simmelian Tie Analysis in Organizations." *Research in the Sociology of Organizations* 16: 183–210.

Krause, R., R. Priem, and L. Love. 2015. "Who's in Charge Here? Co-CEOs, Power Gaps, and Firm Performance." *Strategic Management Journal* 36 (13): 2099–2110.

Kutz, S. 2016. "Why NFL Player Ryan Broyles Lives Like He Made $60,000 Last Year, and Not $600,000." *MarketWatch*, January 31. http://www.marketwatch.com/story/nfl-player-ryan-broyles-has-made-millions-but-still-uses-groupon-2015-09-17.

Lashinsky, A. 2017. *Wild Ride: Inside Uber's Quest for World Domination*. New York: Portfolio.

Li, J. B. 2016. "On Single-Domain Role Transitions in Multiplex Relationships." Paper presented at Strategic Management Society conference, Hong Kong, December 10–12.

Lisitsa, E. 2014. "Self Care: The Four Horsemen." Gottman Institute. https://www.gottman.com/blog/self-care-the-four-horsemen.

Lublin, J. S. 2016. "How Companies Are Different When More Women Are in Power." *Wall Street Journal*, September 27. https://www.wsj.com/articles/how-companies-are-different-when-more-women-are-in-power-1474963802.

Lunden, I. 2017. "Snapchat Paid Reggie Brown $157.5M to Settle His 'Ousted Founder' Lawsuit." *TechCrunch*, February 2. https://techcrunch.com/2017/02/02/snapchat-reggie-brown/.

Mark, N. P. 2003. "Culture and Competition: Homophily and Distancing Explanations for Cultural Niches." *American Sociological Review* 68 (3): 319–345.

McPherson, M., L. Smith-Lovin, and J. Cook. 2001. "Birds of a Feather: Homophily in Social Networks." *Annual Review of Sociology* 27:415–444.

Merluzzi, J., and D. J. Phillips. 2015. "The Specialist Discount: Negative Returns for MBAs with Focused Profiles in Investment Banking." *Administrative Science Quarterly* 61 (1): 87–124.

Mitchell, A., J. Gottfried, J. Kiley, and K. E. Matsa. 2014. "Political Polarization and Media Habits." Pew Research Center, October 21. http://www.journalism.org/2014/10/21/political-polarization-media-habits/.

Moore, K. 2006. *Bowerman and the Men of Oregon: The Story of Oregon's Legendary Coach and Nike's Co-founder*. Emmaus, PA: Rodale.

Mosendz, P. 2016. "A Third of Newlyweds Are in the Dark About Their Spouse's Finances." *Chicago Tribune*, May 2. http://www.chicagotribune.com/business/ct-personal-finance-newlywed-money-20160502-story.html.

Nahemow, L., and M. Lawton. 1975. "Similarity and Propinquity in Friendship Formation." *Journal of Personality and Social Psychology* 32 (2): 205–213.

National Museum of American History. n.d. "Nike Waffle Trainer." http://americanhistory.si.edu/collections/search/object/nmah_1413776 (accessed May 4, 2018).

Neisser, U. 1979. "The Control of Information Pickup in Selective Looking." In *Perception and Its Development: A Tribute to Eleanor J Gibson*, edited by A. D. Pick, 201–219. Hillsdale, NJ: Lawrence Erlbaum.

Newton, R. 2016. "Start-Ups and the Founder's Dilemma." *Financial Times*, June 7. https://www.

ft.com/content/11de999e-d4d5-11e5-829b-8564e7528e54.

Orzeck, K. 2015. "Chobani CEO's Deal with Ex-Wife in Ownership Spat OK'd." *Law360*, April 14. https://www.law360.com/articles/643365/chobani-ceo-s-deal-with-ex-wife-in-ownership-spat-ok-d.

Perlow, L. A. 2003. "When Silence Spells Trouble at Work." *Harvard Business School Working Knowledge*, May 26. https://hbswk.hbs.edu/item/when-silence-spells-trouble-at-work.

Peter, L. J., and R. Hull. 1969. *The Peter Principle*. London: Souvenir Press.

Peterson, H. 2016. "Whole Foods' New Stores Are Unrecognizable." *Business Insider*, April 28. http://uk.businessinsider.com/inside-whole-foods-new-365-stores-2016-4.

Radford, T. 2004. "Psychologist Says Maths Can Predict Chances of Divorce." *The Guardian*, February 13. https://www.theguardian.com/uk/2004/feb/13/science.research.

Raffiee, J., and J. Feng. 2014. "Should I Quit My Day Job? A Hybrid Path to Entrepreneurship." *Academy of Management Journal* 57 (4): 936–963.

Rawlinson, M. J. 1978. *Labour Turnover in the Technician and Equivalent Trades of the Royal Australian Air Force: An Economic Analysis*. Canberra, Australia: Department of Defense.

Ries, E. 2011. *The Lean Startup: How Today's Entrepreneurs Use Continuous Innovation to Create Radically Successful Businesses*. New York: Crown.

Rivera, L. 2015. "Guess Who Doesn't Fit in at Work." *New York Times*, May 30. https://www.nytimes.com/2015/05/31/opinion/sunday/guess-who-doesnt-fit-in-at-work.html.

Rogers, S. 2004. "Dollars, Dependency, and Divorce." *Journal of Marriage and Family* 66:59–74.

Ruef, M., H. E. Aldrich, and N. Carter. 2003. "The Structure of Founding Teams: Homophily, Strong Ties, and Isolation Among U.S. Entrepreneurs." *American Sociological Review* 68: 195–222.

Sandberg, S. 2016. "It's the Hard Days That Determine Who You Are." *Boston Globe*, May 16. https://www.bostonglobe.com/opinion/2016/05/16/hard-days-that-determine-who-you-are/3R5MODl-B8w8QcDt8X8BlEO/story.html.

Sandberg, S., and A. Grant. 2017. *Option B: Facing Adversity, Building Resilience, and Finding Joy*. New York: Knopf/Random House.

Sandlin, D. 2015. "The Backwards Brain Bicycle." *Smarter Every Day* 133. https://www.youtube.com/watch?v=MFzDaBzBlL0.

Sanford, K. 2003. "Problem-Solving Conversations in Marriage: Does It Matter What Topics Couples Discuss?" *Personal Relationships* 10 (1): 97–112.

Sarkis, S. 2012. "Quotes on Letting Go." *Psychology Today*, October 25. https://www.psychologytoday.

com/us/blog/here-there-and-everywhere/201210/quotes-letting-go.

Schoenberger, C. R. 2015. "Want to Be an Entrepreneur? Beware of Student Debt." *Wall Street Journal*, May 26. https://www.wsj.com/articles/want-to-be-an-entrepreneur-beware-of-student-debt-1432318500.

Schwartz, B. 2004. *The Paradox of Choice: Why More Is Less*. New York: Ecco/Harper-Collins.

Schwartz, J. 2012. "End Game: Curt Schilling and the Destruction of 38 Studios." *Boston Magazine*, July 23. https://www.bostonmagazine.com/2012/07/23/38-studios-end-game.

Seligman, M. 1991. *Learned Optimism: How to Change Your Mind and Your Life*. New York: Pocket.

Seligman, M. E. 2004. *Authentic Happiness: Using the New Positive Psychology to Realize Your Potential for Lasting Fulfillment*. New York: Simon and Schuster.

Sharot, T. 2011. "The Optimism Bias." *Current Biology* 21 (23): R941–R945.

Shenker, I. 1972. "2 Critics Here Focus on Films as Language Conference Opens." *New York Times*, December 28, p. 33.

Shin, J., and K. L. Milkman. 2016. "How Backup Plans Can Harm Goal Pursuit: The Unexpected Downside of Being Prepared for Failure." *Organizational Behavior and Human Decision Processes* 135: 1–9.

Simon, S. 2010. "Stephen Strasburg, Meet Tommy John." *NPR*, August 28. http://www.npr.org/templates/story/story.php?storyId=129492123.

Smart, G., and R. Street. 2008. *Who: The A Method for Hiring*. New York: Random House.

Snap. 2017. "Snap, Inc.: Form S-1 Registration Statement." U.S. Securities and Exchange Commission, February 2. https://www.sec.gov/Archives/edgar/data/1564408/000119312517029199/d270216ds1.htm.

Sparks, A. 2013. "Losing a Battle, and Focusing on Winning the War—Part 1." *Medium*. https://medium.com/@sparkszilla/losing-a-battle-and-focusing-on-winning-the-war-part-i-6369b8bf9d24.

Sperry, T. 2012. "Tommy John Accepts Role in Baseball and Medical History." *CNN*, April 24. http://www.cnn.com/2012/04/24/health/tommy-john-surgery/.

Stone, D., S. Heen, and B. Patton. 2010. *Difficult Conversations: How to Discuss What Matters Most*. New York: Penguin.

Strasser, J. B., and L. Becklund. 1991. *Swoosh: The Unauthorized Story of Nike and the Men Who Played There*. New York: Harcourt Brace Jovanovich.

Stross, R. 2013. *The Launch Pad: Inside Y Combinator*. New York: Penguin.

Sumagaysay, L. 2013. "Quoted: On Snapchat, Startup Drama and 'Lawyering Up.'" *Silicon Beat*,

December 12. http://www.siliconbeat.com/2013/12/12/quoted-on-snapchat-startup-drama-and-lawyering-up/.

Sundaram, R., and D. Yermack. 2007. "Pay Me Later: Inside Debt and Its Role in Managerial Compensation." *Journal of Finance* 62 (4): 1551–1588.

Szuchman, P., and J. Anderson. 2012. *It's Not You, It's the Dishes: How to Minimize Conflict and Maximize Happiness in Your Relationship*. New York: Random House.

Taleb, N. N. 2012. *Antifragile: Things That Gain from Disorder*. New York: Random House.

Tamir, M., C. Mitchell, and J. J. Gross. 2008. "Hedonic and Instrumental Motives in Anger Regulation." *Psychological Science* 19 (4): 324–328.

Toft-Kehler, R. V., and K. Wennberg. 2011. "Barriers to Learning in Entrepreneurship." Paper presented at Academy of Management Annual Meeting, San Antonio, TX, August 12–16.

Ulukaya, H. 2013. "Chobani's Founder on Growing a Start-Up Without Outside Investors." *Harvard Business Review*, October. https://hbr.org/2013/10/chobanis-founder-on-growing-a-start-up-without-outside-investors.

Umphress, E., K. Smith-Crowe, A., Brief, J., Dietz, and M. Watkins. 2007. "When Birds of a Feather Flock Together and When They Do Not." *Journal of Applied Psychology* 92 (2): 396–409.

US Bureau of Labor Statistics. 2014. "Women in the Labor Force: A Databook." https://www.bls.gov/cps/wlf-databook-2013.pdf.

Useem, J. 2002. "[3M] + [General Electric] = ?" *Fortune*, August 12. http://archive.fortune.com/magazines/fortune/fortune_archive/2002/08/12/327038/index.htm.

Valcour, M. 2015. "Navigating Tradeoffs in a Dual-Career Marriage." *Harvard Business Review*, April 14. https://hbr.org/2015/04/navigating-tradeoffs-in-a-dual-career-marriage.

Walters, N. 2016. "Here's What a Former Apple CEO Wishes He Could Have Told Himself When He Took Over the Tech Giant at Age 44." *Business Insider*, March 4. http://www.businessinsider.com/what-john-sculley-wishes-he-knew-when-he-became-apple-ceo-2016-3.

Walton, B. 2016. Interview by KTVK-TV. April 26. https://www.youtube.com/watch?v=XhQG2dP2AHc.

Wang, L., and J. K. Murnighan. 2013. "The Generalist Bias." *Organizational Behavior and Human Decision Processes* 120 (1): 47–61.

Warner, A. 2017. "What Didn't Kill Colin Hodge Made Him Stronger." *Mixergy* (podcast), June 30. https://mixergy.com/interviews/what-didnt-kill-colin-hodge-made-him-stronger.

Wasserman, N. 2002. "The Venture Capitalist as Entrepreneur: Characteristics and Dynamics Within VC Firms." PhD diss., Harvard University, Boston, MA.

———. 2004. “Ockham Technologies: Living on the Razor’s Edge.” Harvard Business School Case 804-129. https://www.hbs.edu/faculty/pages/item.aspx?num=30839.

———. 2008. “The Founder’s Dilemma.” *Harvard Business Review* 86 (2): 102–109.

———. 2012. *The Founder’s Dilemmas: Anticipating and Avoiding the Pitfalls That Can Sink a Startup*. Princeton, NJ: Princeton University Press.

———. 2017. “The Throne vs. the Kingdom: Founder Control and Value Creation in Startups.” *Strategic Management Journal* 38: 255–277.

Wasserman, N., and Y. Braid. 2012. “Family Matters at ProLab.” Harvard Business School Case 813-130. https://www.hbs.edu/faculty/Pages/item.aspx?num=43829.

Wasserman, N., J. J., Bussgang, and R. Gordon. 2010. “Curt Schilling’s Next Pitch.” Harvard Business School Case 810-053. https://www.hbs.edu/faculty/Pages/item.aspx?num=38236.

Wasserman, N., and R. Galper. 2008. “Big to Small: The Two Lives of Barry Nalls.” Harvard Business School Case 808-167. https://www.hbs.edu/faculty/Pages/item.aspx?num=36102.

Wasserman, N., and M. Marx. 2008. “Split Decisions: How Social and Economic Choices Affect the Stability of Founding Teams.” Paper presented at Academy of Management Annual Meeting, Anaheim, CA, August.

Wasserman, N., and L. P. Maurice. 2008a. "Savage Beast (A)." Harvard Business School Case 809-069. https://www.hbs.edu/faculty/Pages/item.aspx?num=36725.

———. 2008b. "Savage Beast (B)." Harvard Business School Supplement 809-096. https://www.hbs.edu/faculty/Pages/item.aspx?num=36726.

Wiener-Bronner, D., and C. Alesci, C. 2017. "Chobani CEO Finds Trump's Travel Ban 'Personal for Me.'" *CNN Money*, January 30. http://money.cnn.com/2017/01/30/news/chobani-response-travel-ban.

Wilkinson, A. 2015. "What Elon Musk and Reid Hoffman Learned from Failing Wisely." *Inc.*, February 23. http://www.inc.com/amy-wilkinson/why-the-best-leaders-fail-wisely.html.

Wilson, T. D., and D. T. Gilbert. 2003. "Affective Forecasting." *Advances in Experimental Social Psychology* 35:345–411.

Wolfinger, N. 2015. "Want to Avoid Divorce? Wait to Get Married, but Not Too Long." Institute for Family Studies, July 16. https://ifstudies.org/blog/want-to-avoid-divorce-wait-to-get-married-but-not-too-long.

Wozniak, S., with G. Smith. 2006. *iWoz: Computer Geek to Cult Icon*. New York: Norton.

Wu, Y., H. A. Schwartz, D. Stillwell, and M. Kosinski. 2017. "Birds of a Feather Do Flock Together: Behavior-Based Personality-Assessment Method Reveals Personality Similarity Among Couples and Friends." *Psychological Science* 28 (3): 276–284.

Wuchty, S., B. F. Jones, and B. Uzzi. 2007. "The Increasing Dominance of Teams in Production of Knowledge." *Science* 316 (5827): 1036–1039.

Zimmerman, E. 2015. "Start-Up Blends Old-Fashioned Matchmaking and Algorithms." *New York Times*, April 22. https://www.nytimes.com/2015/04/23/business/smallbusiness/start-up-blends-old-fashioned-matchmaking-and-algorithms.html.

國家圖書館出版品預行編目資料

你永遠有更好的選擇：哈佛頂尖商學院教授的8堂人生經營學 / 諾姆.華瑟曼(Noam Wasserman)著；陳依萍譯. -- 初版. -- 臺北市：商周出版：家庭傳媒城邦分公司發行, 民108.03

面；　公分. --（新商業周刊叢書；BW0705）

譯自：Life Is a Startup: What Founders Can Teach Us about Making Choices and Managing Change

ISBN　978-986-477-631-3（平裝）

1.創業 2.企業管理

494.1　　108002224

新商業周刊叢書　BW0705

你永遠有更好的選擇

哈佛頂尖商學院教授的8堂人生經營學

原文書名／Life Is a Startup: What Founders Can Teach Us about Making Choices and Managing Change
作　　者／諾姆・華瑟曼（Noam Wasserman）
譯　　者／陳依萍
企劃選書／黃鈺雯
責任編輯／黃鈺雯
版　　權／黃淑敏、翁靜如
行銷業務／周佑潔、黃崇華、王瑜、莊英傑

總 編 輯／陳美靜
總 經 理／彭之琬
發 行 人／何飛鵬
法律顧問／台英國際商務法律事務所　羅明通律師
出　　版／商周出版
台北市中山區民生東路二段141號4樓
電話：(02) 2500-7008 傳真：(02) 2500-7759
E-mail：bwp.service@cite.com.tw
Blog：http://bwp25007008.pixnet.net/blog
發　　行／英屬蓋曼群島商家庭傳媒股份有限公司城邦分公司
台北市中山區民生東路二段141號2樓
書虫客服服務專線：(02)2500-7718・(02)2500-7719
24小時傳真服務：(02)2500-1990・(02)2500-1991
服務時間：週一至週五09:30-12:00・13:30-17:00
郵撥帳號：19863813　戶名：書虫股份有限公司
讀者服務信箱E-mail：service@readingclub.com.tw
歡迎光臨城邦讀書花園　網址：www.cite.com.tw
香港發行所／城邦（香港）出版集團有限公司
香港灣仔駱克道193號東超商業中心1樓
Email：hkcite@biznetvigator.com
電話：(852)2508-6231　傳真：(852)2578-9337
馬新發行所／城邦(馬新)出版集團　【Cite (M) Sdn. Bhd.】
41, Jalan Radin Anum, Bandar Baru Sri Petaling,
57000 Kuala Lumpur, Malaysia
電話：(603)90578822　傳真：(603)90576622
Email：cite@cite.com.my

封面設計／陳文德　內文設計排版／唯翔工作室　印　刷／鴻霖印刷傳媒股份有限公司
總 經 銷／聯合發行股份有限公司　電話：(02)2917-8022　傳真：(02)2911-0053
地址：新北市231新店區寶橋路235巷6弄6號2樓

■ 2019年（民108）3月初版　Printed in Taiwan

城邦讀書花園
www.cite.com.tw

ISBN　978-986-477-631-3

定價／350元　

商周出版

廣 告 回 函
北區郵政管理登記證
北臺字第10158號
郵資已付，免貼郵票

10480 台北市民生東路二段141號9樓

英屬蓋曼群島商家庭傳媒股份有限公司城邦分公司 收

請沿虛線對摺，謝謝！

商周出版

書號：BW0705 書名：你永遠有更好的選擇

請於此處用膠水黏貼

商周出版

讀者回函卡

不定期好禮相贈！
立即加入：商周出版
Facebook 粉絲團

感謝您購買我們出版的書籍！請費心填寫此回函卡，我們將不定期寄上城邦集團最新的出版訊息。

姓名：＿＿＿＿＿＿＿＿＿＿ 性別：☐男 ☐女

生日：西元＿＿＿＿年＿＿＿＿月＿＿＿＿日

地址：＿＿＿＿＿＿＿＿＿＿

聯絡電話：＿＿＿＿＿＿ 傳真：＿＿＿＿＿＿

E-mail ：

學歷：☐ 1. 小學 ☐ 2. 國中 ☐ 3. 高中 ☐ 4. 大學 ☐ 5. 研究所以上

職業：☐ 1. 學生 ☐ 2. 軍公教 ☐ 3. 服務 ☐ 4. 金融 ☐ 5. 製造 ☐ 6. 資訊
☐ 7. 傳播 ☐ 8. 自由業 ☐ 9. 農漁牧 ☐ 10. 家管 ☐ 11. 退休
☐ 12. 其他＿＿＿＿＿＿

您從何種方式得知本書消息？

☐ 1. 書店 ☐ 2. 網路 ☐ 3. 報紙 ☐ 4. 雜誌 ☐ 5. 廣播 ☐ 6. 電視
☐ 7. 親友推薦 ☐ 8. 其他＿＿＿＿＿＿

您通常以何種方式購書？

☐ 1. 書店 ☐ 2. 網路 ☐ 3. 傳真訂購 ☐ 4. 郵局劃撥 ☐ 5. 其他＿＿＿

您喜歡閱讀那些類別的書籍？

☐ 1. 財經商業 ☐ 2. 自然科學 ☐ 3. 歷史 ☐ 4. 法律 ☐ 5. 文學
☐ 6. 休閒旅遊 ☐ 7. 小說 ☐ 8. 人物傳記 ☐ 9. 生活、勵志 ☐ 10. 其他

對我們的建議：＿＿＿＿＿＿＿＿＿＿

【為提供訂購、行銷、客戶管理或其他合於營業登記項目或章程所定業務之目的，城邦出版人集團（即英屬蓋曼群島商家庭傳媒（股）公司城邦分公司、城邦文化事業（股）公司），於本集團之營運期間及地區內，將以電郵、傳真、電話、簡訊、郵寄或其他公告方式利用您提供之資料（資料類別：C001、C002、C003、C011 等）。利用對象除本集團外，亦可能包括相關服務的協力機構。如您有依個資法第三條或其他需服務之處，得致電本公司客服中心電話 02-25007718 請求協助。相關資料如為非必要項目，不提供亦不影響您的權益。】

1.C001 辨識個人者：如消費者之姓名、地址、電話、電子郵件等資訊。
2.C002 辨識財務者：如信用卡或轉帳帳戶資訊。
3.C003 政府資料中之辨識者：如身分證字號或護照號碼（外國人）。
4.C011 個人描述：如性別、國籍、出生年月日。

請於此處用膠水黏貼